James Adams

Introduction

Welcome to the Ultimate Space Word Search Collection!

This word search puzzle book contains over 50 word searches packed with words that are all about Space and everything it contains.

Inside you will be able to search for planets, moons, stars, galaxies, constellations, spacecraft and comets. You will have to find famous astronauts, meteors, telescopes, satellites and more!

Every aspect of space and its exploration are included in this amazing word search book. This is a book that will be loved by anyone who has been fascinated by Space and amazed at the wonders contained above us all. Begin your Ultimate Space Word Search quest today!

I wish you the very best of luck on your travels. Let's get started right now!

James

Search 1 - Planets and Moons

```
V S U N E V I W T L R T N N T B V T H R Q V J C B
N K P M S Q G M I B J D H V L J H C P Q T Y D G H
I J J D S O E L J P E Q F B U K W D T H J R Q B F
L E E X P P L U T O K Z A P R W D D T L W Y E L C
B L X L H E W G E R G Z I E K C C M K P G E O E B
O R J N A J X Y T V X T R L M Q V Z P C U S S K G
G J L S T T A G X M E A I D M U S A U W B Q C A V
E Y E Q O S T C S R P Y G F C V A L U P S Y L M A
H V O U A K E P I L R W R S R X Y H U X Z X C E D
T W U P E R F H Y X D L I U A I C A L A S B H K J
V Z X J E B O K A D C O H S C S Z H W N H U B A O
H S D S Q K Q J Y H P A I R H R B I T Y W C Q M Y
M E C I N E D L E W C J N X Y V E T Z F Q B Y R L
P H B A A F N Z H N S E Y C Y D R M B O H B C E A
P X T R N X I Z Z T P T P M Q P E D P M W E W W S
I L T P O B F J U T N F G M B L Q C M L J W Z I F
L H F T M V I H U K U J W I O Q D S T A L D P D H
K I L C C E L N G L U Q P J O O L A U S R Y M S Y
A W G X Z V E X I O D Q N R C Z W N O M U S I S Q
M A N S T R X I H J H I C T A R M R R E R N T J A
I W W C A S J K N V K U S Y J G K U A X C E A R G
H Q W O Y Z I M Q T S K P K U B J T F P P D R R J
B P A A L V I T R S E D N A D I X A Y U D E I U U
A U J P E H H N B A S Q Y K X D K S F Z B I G T W
Q H I O Q T B G F P J R V J O Q U A P D R X M N Z
```

Mercury	Venus	Earth	Mars	Ceres
Jupiter	Saturn	Uranus	Neptune	Pluto
Orcus	Salacia	Haumea	Quaoar	Makemake
Sedna	TheGoblin	Caju	Farout	

Search 2 - Planets and Moons

```
V G H N T B M T V S F M O Y R V I I R Z D N P M Z
J A T Q O R L R Q F J E X R I G Y B B A Q H M K O
S N L S P M V W R P Q E P L L E V Q H D V Y V Z A
H Y B R P Y M Y G U H A Y R O E L C Y E P A A W J
Q M C H S A J N T T X O K E E V D I T L F R D E D
Z E R R D T W M G W O B B A I A F S O C D A Q W A
H D G O L W M H S A Z R F O C P N S R Z E L P M E
V E B Y T C Q A N U L Q Z Z S O Y V T M I E V K H
O D J C G E L F Q R F W Q M Y R V Q O T M I A Y T
S X J A O A S Y M U G Z F X A U K N E Q O G Y C I
P T B A I H T A F E V M Y O X E V U Z S S W B D S
Q C D H T P A M A L T H E A Y C A B P F M I B H Y
E A U Q E I I M B C T T J T G W L M C G V W D O L
N Q H R M S L L M S W W F H I D E U P J S N K M U
Q M Q W R A A Q V P D F G Z C S G P E Q Z I D K A
T O I R A P I P E H Z O N G F P H F O G C R G K I
V O G Q C B A K H H H T H W H G N G R N A Z W D L
A O P Z H K E C R Y M V U F W E V G J X I Y E T A
Y L B B G P R S T A A I J X U C P J D U B S B W M
Q H I N L T L N L U G R J G Q O T S I L L A C M I
O Q X I V T W K C N X D C I F Q L I B F T Z J W H
Q Y I Z L A B D E W F O U E E K N A N A H T R E D
F O O A H K K C V C O E E U V F F Y S M E Z J R X
O Q O X E Z W S T D K C Y O T S C Y Z W B W T S F
S I L H Z H D H A M G G R D Q H L T H H E L U C V
```

Luna	Deimos	Phobos	Ganymede	Callisto
Io	Europa	Amalthea	Himalia	Thebe
Elara	Pasiphae	Metis	Carme	Sinope
Lysithea	Ananke	Leda		

Search 3 - Planets and Moons

```
K P C M L P V A D S H Z W Z M P M S L E F M E X K
C Z R S F T Y K B J L U J F D X Q O L S F Z H J W
Y R O A C T A C A L L I R R H O E S D F L Z R X O
A F W P X A H R G J E W Q R T Z D X X J G S N U P
G J N C F I R Y S G Z U D K N A C V L W T Q V Q O
D Z U K V K D P O U S S E C G J S I L V A X X V H
A D P U X E E I O N G A K J W U A F E Q Y Y W W U
U U U Y I A I K K O E K O F Z Y O E I W G G S Z T
Y M M R M O X L I E F P T D R N E N S G E C M Y Z
Y G N U W M T C W L Z B X Y V W D T D E T F V M U
B E F Q E K I S H B E Z U N V D E I G R E C P A T
U P D Y G D B W I A H H R H B P H A Q W P M A E R
X W F B Z U A S L M L P K M O N Z A I F Y G G T O
Q W V U W R Q L A F E D P E E N N U R Y D E T S L
O R G C G R G O A T J H E O A G H P T P R E M A N
E Z S Q X X T M V K Q Z T N X P A E C C A H B C G
R P V P O K X E A X U J M O E U A C R W E L L O D
P D T D D Z T F Q W M E D T Q X Z Z L M Q A Y L Z
N Q F H K Z J H L D G L U U I T E D O I I D K K P
K L A P H O O N H M L U W A S Z R G K L T P B X E
Z C L U E B F D P W E I I R O E K Y L A K E P P C
P K I I V L D T F D W W A W N Z Y R H R P R E E T
M O O R J L K X V Z S F M B O H M V Z K I F S H Q
Z N Y I M G A T G A J F A B E S P T D O M E T G D
D O E P O Q J B W J S D X E D D I S N S C H L M U
```

Themisto	Praxidike	Locaste	Kalyke	Megaclite
Taygete	Callirrhoe	Autonoe	Harpalyke	Thyone
Hermippe	Chaldene	Aoede	Eukalade	Isonoe
Helike	Carpo	Aitne		

Search 4 - Planets and Moons

```
Q F T P L P F G A Q Q E Q Q V K R A R K Y L K Y T
B N K O R E X A D A G I T L W X Z S U T E P A I I
N H A O I S C N T K T V C H Y Q P X E C Q S L A T
C B K N H O P G F W H B S I J G W G X C U P G X A
M S A Q E Y W O K P U I I E O G L N M T Q C O H N
P Q L P U E L P N D V A J Z L T H E G O M O N E L
F I E I X Q M Y G D P S V E R O H C I L L A K H T
P C M Z Q D I R D A E A K Q V P T A V R B G K B H
A E Q N R S J K F Z L K S X E H C A R I J N D V U
O U L P D M G C S E H X K N E Y C O C C Q L Q P U
U A X L M N O D T M G P E L H L R B C B H U I F T
U V J W T U W U E D D L X D I P W I E P V E O J A
V S H S Q U D Z L S L I O K F E X I U R B F R K S
J O L N E O E X C Y N R E B P M E U P O R I E B D
E J R R U A T O C O I J A J E E W X A W F M D G J
C B M Z R E Q B E O S R X L J N X C T C Z D U A G
Y C L E Y H K L D W E U L T X M K T F L J M G N Y
Z U B T D R W X O X A E N R X N C N M E A U R J J
N A A H O E O N T U J V H Y X K I C G N Y L I I A
Q O A L M R N T J R S L C T X T U C O Q T Z L A F
C S E O E I S M D G B D I L I S C O A W H J Z V U
D R S Z J N I O T J H H T D L S B J V Q H M F Z N
P N K Q C O Y L F L D T R C E U A N T H E T T W D
Q W Y O N M M S Y K P C R T L R B P X B Y G R L Q
H F C W R E T S R S G B H O M T L X D B P Y G T R
```

Eurydome	Hegomone	Arche	Euanthe	Sponde
Euporie	Thelxinoe	Erinome	Pasithee	Kore
Cyllene	Mneme	Kale	Kallichore	Valetudo
Titan	Rhea	Iapetus		

Search 5 - Planets and Moons

```
N E H V I Q E H C E P Q X K G C D X T Q B I M W T
A A I K I G E L E M P W S V O I I H L Z E B V C I
F N A G D U P U Y N L R D P O Q X V N N K C L I L
O C A L Y P S O A K P C A N A A O X N U T G H H U
J V R T F N H N A B T N E N A G Z S T O T W Y T T
A Z F W M P Y D K L D A R V P T P J D S Z Z P S M
L M R V O R P A C O B A Y O T P K V O P U G R X I
W G F T Y O E T R N I I H S A H I J H C E N X E M
T F H L I M R A H S C W O O P K N O A I V P A P A
M Q K M M E I T I R R V Z R U E E Q U Z Y I P J S
X L N X L T O P A T I U S K I B D Y F F C G A N H
Y Y R R J H N A P S G H E B E X F I H T V I B K I
C F N B S E P A U K L L W N N C G H T N E P F E R
W Z K S U U L L I G W W O Y C K K N N T C T M V B
Z B M T E S K I X D B E L A Z E G D X I P I H S A
I Q J D H Q E A N F X S I Q R S L M A P D D P Y N
Y G V G T A I Q Y L X Q I J B Y V A V N E R L K S
E K T F E I D W K E O E X A J L W A D A F E W R J
D B C D M G V P N E I E W K F Y B I O U Y E L H S
D K O I I K T E U W J Q C X M A B T M K S B B O M
C X J D P C L V Q Y M B D E A T S N K P H W A V O
E U Z I E E I Z Z R Z O E Y A E B N Y S V T M B H
W O E C H Q K E N Q M J Q D L Q M Z V N L X U H J
Z G F O B J M F X A C I L E D M P V L A P B E P N
U L I H S P F Q X L P P T V F T J I S W T E I H B
```

Dione	Tethys	Enceladus	Mimas	Hyperion
Phoebe	Janus	Epimetheus	Prometheus	Pandora
Siarnaq	Helene	Albiorix	Atlas	Pan
Telesto	Paaliaq	Calypso		

Search 6 - Planets and Moons

```
R I L W I P R S I E O V A Z I R A K A Y D K J T F
I P O F T T W H T S F X G K G C N J N R W I H R V
R C R S T G L U R U L G M H D Y H Q G C E Q K C F
A Q I E L I C B P A M N K Z D X U N K D C P G P N
F D U W H B P E P Y N L K T J Y U J I Y D V J B J
L I S I V D W R G Q B F P J E T Q D Z O N I E E W
I G H R V Z J G O B G I F A T X H I Q H A S D H J
D I P Z P I O E W E H Z X U Y Y J Q Z M T W I A X
N G R W K Z K L P L X M S I R C S I T L O F T W H
U I L Q V N B M A G C O L R C M R Q A U R E K J F
M Y M V J S F I N Y B N O U O X A C G W K M M F P
Q Z L J D L K R D U F K D Z I L L H F D N K Y W B
W R G Q R J X A C D K K Q F L N U J T Z Y Y Q H K
X I W I L U A W T I Y J F L Q C O H W L U N J A T
U M Y J T U B C N H O P A I R R E Z Q U U L V A T
Y Y I C X Z J S V P I C B Z I F X I L I N N X D S
O I H F N B P G W L C Y H V V G M M N A D P Y U S
A J E J C D F P Z N T B P X R G V I V H U T I I V
X W S I J Q I H L H A V L V T S V O R P T R O Y O
A L S F P E Y L C B V N S E L O D Y Q U X A I W Z
S S H O R K O I M N O A R X P W A P X N O M N R R
N F T G V K S I J K S R H A E T A R Q E Q N S E Y
R A F Z S R R H E T V V R X F D L S F B Q G V X V
A S N J I Z A O Z M U I N K J Z Q A R I J I S R I
J B I D A W C T U F N A C Y S B Q S L K R X A Q D
```

Ymir	Kiviuq	Tarvos	Ijiraq	Erriapo
Skathi	Hyrrokkin	Tarqeq	Narvi	Mundilfari
Suttungr	Thymr	Bestla	Kari	Bergelmir
Greip	Jarnsaxa	Skoll		

Search 7 - Planets and Moons

```
B E I B X I R X U H F P V K U A Z P V O S F A F X
Z M R J F Z O N U C K I B Y P T O X S E G O L Q U
P N R T O U K E V G Z G G I R M W R Z M G V H B G
P L P M X B V I O Y A J Z X P B U T Q Y K N O V S
E U I M A H E X F W W M I B G U T L U M A F N K U
K S F Q F F O R Q I W A P L C J I D F F E C U J Q
F O U E L M F W O C Z K Z W Q P B V D H B E D S U
U Q E O F C E Y A N J C P Q Y O G O Z I Y B C J O
C P C M Z Q B Y B E S Y N P R Y P R Z F X H O K R
A Y A Z V V M K K T G X G O Q U Z E C E Z L B Q J
Q L Z M L T M B F F Q I U Y E C T L N L A E J W Y
N E J P O O G Q T A Z P R L C A F R N A B E C B B
S I L G A G F R J O R S B W U B G S U H N I J Q A
E R E E Z C S H C L P B H L X X Y E I S E Y T B D
C A I U S X A W P F K U A X L J D O A T B T U A Q
E X R F L D X B T R R F U U V P N E V I F X V J H
U M B O F Q V N X A E G Q C T M B T K N A R D E F
D K M R R H G C S N K C R Z D I Q A B W C D G W E
Y Y U N V F Y W O Z I A D N A R I M N E X S Y Y N
L H W J T M U H N T I T A N I A F L O S H L C F R
O Y S O J E T Q X R H E H T N A U J Z G U E J U I
P U V T C E U O C H Z G L G M T N M H J F X O P R
L B M F M T U S E R O P L Z G T R E X C W N B A G
E N F O B T H O X I G S A P A L L E N E C R Q T W
F G J N V Q E J C B T K D B Z K E K D N E Z L L K
```

Bebhionm	Hati	Aegir	Surtur	Loge
Fornjot	Farbauti	Fenrir	Methone	Polydueces
Pallene	Aegaeon	Anthe	Titania	Oberon
Umbriel	Ariel	Miranda		

Search 8 - Planets and Moons

```
R V F C Q D S X G J Q A N O M E D S E D Z Y J X L
X Y L D I O P T E V D I P Y O P P F Q E F J U N N
J P E T H J P T S I G L O S Z U P E R D I T A O L
X T R Z S I X T O D I H R E C L G A W R S I N N S
M T T C H Q E X P U B L T K F D I R O R Z K Z U A
I J U N B P U O S F R B I A L O B A U I H H Q L Q
Y I C G H N C E C B G Z A B Y A L Z O K L R C U S
T S M A X Q K K E L G G C U A D I S S E R C O S V
O C N K H L E L B C N C C K B B E U B Z M E Z K H
H O A A O C I S D O O O O Y B A M G E N T E K Q N
E J Q J R N Q G N Q E J S Y H D J M J K D J H A R
B P K P D W T Y T T I O U F H C I T S G Y Y R M U
J R Q A F J A I L E H P O I V F M P F L K J R H J
K U T A R F H Q I S W J S W A L A K U T X E P L W
L N L L V L K Y Y H T D X O S O E O I C H X X F F
K N W I H I B I D I H Q G X B M O A Z K Q A O X D
P P E E E O Z J M Y P Z U F G E S X F S U R E T L
E R H C U T U N Q V F N D I F Y T U S T L O M C T
H O V O P J A W K Z K A B P I F A E W S K C R K X
M S M R K O W B L A L B I P N U G C S N C Y I W M
X P X D P A S T Q R J I D E M I Y P U M D S T X N
J E K E Q M G O Z W M L Q Z Z C L B K B B Y Q P E
U R V L B I A N C A B A O M J F S Q W U V W N S R
K O Q I F C S F X E B C R O S A L I N D D Y B B A
A W W A V E G O R S U Z I Q R A Z A A H D S K X C
```

Sycorax	Puck	Portia	Juliet	Caliban
Belinda	Cressida	Rosalind	Desdemona	Bianca
Ophelia	Cordelia	Perdita	Prospero	Setebos
Mab	Stephano	Cupid		

Search 9 - Planets and Moons

```
K E X D M I W G S F F G S S U E T O R P W G A C N
A Z U R K F U T P M A C O P P I H N E R E I D P K
D O D C O I K V N G B C I I U X U E B X E N K Q T
R V K I R H H I V V K B X M D D Z K E U R B X Y R
P Q R M T M I V O L P A H I F A Z N A I G F M B I
S K K Y R Q O E Y K M G K Q G Q I T L N V R A F N
A C B Q R E N H B M Z V O V X K M A Z Q S A R N C
M Q C W A X J B I G N Q L Y Y W A Z N H R N G Y U
A F B E W B R G C H M S J S P A W U J J R C E W L
T C S Q E L A K I B L B W K B J A D Y L K I R Q O
H A U Y C W Z V K I N I F D E E C M M Y V S E P W
E A Q U W L Z X O M S N P W J O W Y S N S C T S C
L K E K Z O B H L U W L C R S L S H W X A O S C N
A X F U S D B J F X X H B U A K H Q D N I P A S B
I V U E Q P N L V K K F J C F J G M R O X P K E R
E X N L Q V Z T D O E B O H S V K I I T W F K C G
D I M U A S X G H E Z D U N F O Z B O I I E W M A
E A W L U H C F E D D O O O K E W S M R Q R A S L
M J N Q A W A G R W G E A R O M N B A T Q D E Z A
O W W I Y R T F K A K Z M Z N W V L G H V I S E T
A O O R P L I M P Y S X X I Y W W M H B H N D A E
L D O R K S O S Q F K I O Y L O A S S A L A H T A
Y Y L Q L C E N S I G G D O E A A L T I A N L A M
F L Y Z E L M D Q A V A K A B H H S L B I D Q N T
P O K S A N G V R U T Y M U G Q G P V R K C J T E
```

Francisco	Ferdinand	Margeret	Trinculo	Triton
Proteus	Nereid	Larissa	Galatea	Despina
Thalassa	Naiad	Halimede	Neso	Sao
Laomedeia	Psamathe	Hippocamp		

11

Search 10 - Planets and Moons

```
Q S G V P W G C N Z K X G Q U P M P W L Y A R F K
R J A K E R B E R O S V E F U O G V G T P R O A D
O U X K X D Q M D G P Y H C V A L W G D P B L C J
X L O J I A M O S Z Y U H G Z D O X H W M K D R I
M X V K N I I O J X Q E A R D G C A X V I L P R R
Q N G G F C K I U R U J J J Z M L J R C R C A H U
Z W V X H B H J P H C H A R O N J H P F Z L Q H Z
F X L Y C M N I X Y T S T X T B B I A N O T Z X M
M M A T C P M L W H Y D R A P Z E Y D O A J S F H
Y A K S F M G Y U M Q F I F L Y B Z K E V O M U F
E K A M B G G S E Z J G F N S N Y T K T A U R U B
O E R D T U T I C K C L F W T L A I C A L A S E O
X M M T V F E T S I R E F S N X O D W J J H T X Z
Q A W C Q O E B N R Z Y Z K H W Y V K M I G K O O
S K S I E K S E Q V J S Q X W V Q K V L S G G H F
H E C Q P V S H E F I C L V L M Y O O Q S C N A I
J R Y R K P X T G X X D P Z Q S E N E L R J S U H
D J B N A T U R O X C S K O H S M O Q D E X Q M J
V C W K D D X E P W V D W H Q Y R Q B B R K P E Q
Q W S W E D Y F F B K X Z M T C B S P P K I S A E
N D E K K J A C V N V K B A U K Y A O Q Q Q Z P C
A V W Y B P M Y U O W Q Q S C A U S V T L Z R Z K
Z B H A O T F C R P P V N N U V J U C K H S E E C
X K U Z T J U P J N T D R J D Z W K D G R B G R E
B R O T G O F Q T P M K D P A L L E A S T Z X P W
```

Charon	Hydra	Nix	Kerberos	Styx
Orcus	Haumea	Quaoar	Makemake	Eris
Salacia				

Search 11 – Galaxies

```
E J T F D X D X M D Z N Q X Z F O C K I W Z X O Y
B F W V O U B M B K U Q M V K X D C M K X W G H C
M F B F J E P D S L B K G Z T V K Z B Y T P O L A
C X O M L P W K Z W J W H U A E S Q Y P L L O E H
P Q X L V V G F H F X Q A Q I B I P V J W P Y E Q
P E D Y I K F B J R L Q O K B S I V I K M R R H U
G W A R E E M M X Q P W D A T B M C F N V U F W G
L P R B P D S Z M R P X B E E C B F U N D E T N R
C C T B O D E S H L R I Q J W B J Y T R G L Q I P
U W T K D A J X N Q I J T W C K G T I C W M E P G
Q P A A I S K T H V E N B K K Q E Z V N Y O N N U
S O M B R E R O C E Q A C X E R G N X T E F R R C
P E E T M V L N M B L A C K E Y E O V G M P E E U
C C M A S N H Z D N E E R L A O B D X A H C W H T
O I A D E M O R D N A E T L S Q F F I L F G O T Z
Z V G A N H W K I B G A O K H E R P E M P L L U H
X I M A R B P P D R V O M S D Z I O E H W A F O G
A W N A R U E L H G P F A F B L T G D I A P N S C
X D R O V E F F Q L I Z J L W R E Y W V X W U C U
P X L G U C B C R F A Z P P I V O E Y Z H S S B F
D I K R W X E I R B U E P P I U T X H T S S Q G F
S M V I K W H T L L L J L A R S I Y Y W H S Z V V
T K A V A W L C U A T E P Z W B Y C H Y N V B R T
F M E W X A B U S S T Y I F Q J S E S R O I N E Y
D K X S Y T Z W N T A M T R I A N G U L U M P U L
```

Andromeda   Sunflower   CetusA   Blackeye   Spindle
SouthernPinwheel LeoTriplet Triangulum Pinwheel   Cigar
Bodes   Whirlpool   Sombrero   VirgoA

13

Search 12 – Galaxies

```
U N M H C Z G K W P V L I A F J X T K I G O I H C
M D P N Q Q X U T Y G B K X U L Z I P A Q K A D E
B O W W G I V J J G B J T U S E T D E F I S E Y N
C A P C B J A N Y O E F C O N P X U K R R J L T T
Q A S E F Z W E L T Q K Q V V B F K T H A J D A A
P R R C R T Z X Q X B H U E C S A Q R Z N B E X U
L E R T U S J Q D R P L J W R F L R A Q P T E M R
E I O S W L E I K M S L J P Q S J L N Z S O N B U
L S B L V H P U S S J K X T Y X M A A A M J O L S
O S M L R L E T S L Q Z E R M R C K Y Y R Y W A A
P E D E B P N E O A E M L I E V G O S R A D J C O
D M X C A F U N L R O Y V G U J C P M Q N M S K Q
A P V S G I I D J C L G Y P Y M F B I D V M Q E S
T E O P X H K P Q A S A N N E T N A L K V A Q Y K
V S T P Z N K W S B Q K T U Y J I M K G I P W E R
N S C Q Z K T H R R S G C D S A V L Y B A Q F Q O
Z L E A M O C N I L B Z O I J D M M W N M W M B W
J U J Z A Q K U C S H Y G W U K R Q A F B K X G E
L B B G F E E L A H W C X S F P L G Y G Z A B H R
Z B O Q C C X O X E D W H V E E O V S P H F P O I
Y P S T B U T F I Q Y P Y N A W U S Z K M E V M F
I M G G L C T L N R G P V K R O T L N J U J J S M
J B A D L M E S X Y E C O Y J N D P N G A N L C X
W N O A P S M T W A M Q G P E J V E C N U E W V V
X Y H P K H F Y V U G N B Z X N V I B X D K Y C U
```

Whale	CentaurusA	Fireworks	Needle	InComa
Antenna	PerseusA	Barnards	Sculptor	Cartwheel
Comet	HoagsObject	Tadpole	BlackEye	Mayalls
MilkyWay	Messier			

14

Search 13 – Nebulae

```
V R P Z Q B I Y O R V U N F K T O S A B X I G V I
N O H R E C X Y C Q D A L M P M F E X M F B N B I
B R C J I V F M T Z D G C I S P G O I M N F L K R
B O W T I E O P K V T O P W Z J Q H K P Z U U B I
E F O R I O N C L B C X L I Q C V C O D E L J O S
I Z M D I N X D P X V L I C R R K E H F M Y V C G
K Y J H L M H B Y Q I A J A Y E A N I R A C A T E
F C Y N F E I R Y N W G B W N K E C M N V T X I L
L U P B L D G G D X Y O G S F T K R N N K X T O Z
A W O W J K T J C Q I O A B X L C W E K J N R H T
M P H R O L I G I L J N C O A L S A C K C U Z Z X
I H V I T O S V O R I Y E P G P F X H J O J V N Q
N K O A M C D J H C T N W B J F W M A E V U M W E
G E W B E Q J C L G N N G H O F J D Z U Q X C S D
S N L U N J H L T O B J J G D I W A B D G M V B P
T K R B X E H A E Z N R U T A S U A U K N M L Z J
A H U B T V I T U R H J W C Q S X O B H B F P A T
R D I L Z A N R Y S E N X O Z G N N B V S C K L B
N U X E M C G B C O L H A H V X L A F Q V M R B F
C C R O Z X U Z V C I K F E Y E M V R Y S F O E R
C G I Q J D S S M I X N Y W R T B Q W I V K H Q T
X B N F A P L L E B M U D E L T T I L W A Q C W B
Y O G P Y N W B T I C X V B E V N A N K D M J D V
O A P B G O B A B T H W U K U R T B J W R V E G R
A R T Q K P R X Q M T F Q Y V B N Y E W O G E D J
```

Ring	DeMairans	Orion	LittleDumbell	Lagoon
Crab	Owl	Blue	Saturn	Helix
FlamingStar	EtaCarinae	Bubble	Iris	Cave
Coalsack	BowTie			

Search 14 – Nebulae

```
N C U L Y J S K L Y A N L C H D H K P R Z Y V Y L
D P L E I V O D Y K I Q U E I F A N G C O G Z V R
S B G N E Q R W S H I L M T L V E P Y X E C Q C W
K R H V O N D T B X O H J S Q X N T T S U Q G S C
M J O C H R P L X I F B M W Y F C W A L L Q O H I
M Z S F B C T M J J H I I P S I I J R S Q B T J V
I C T M W H G H A W G Q L P O U Z F A O O Y M H X
N D O V B I U Q A M U I I E U G X H N E H X E L U
B L F Y Q E E B W M I P E W L D V P T X W K I P X
V H J H L Y D D B V E U V G C J X L U N E E V P P
T P U L S S T R H L S R E K C X I I L E V Y H S F
R Q P H E M O D R N E U I Z Q X A T A W F M Z H X
K R I C A T S E Y E G S J C O Q Z U Q T R W Z H V
R M T G Q H T B C H F Y G T A R E C B V R T H O C
I K E O N I O E U R K T H S W E S K I M O H R E M
B B R U A I Y T S G E J J S U W L Y D N K F N T F
N K G W F K K M S O R S W B H P U R A F N W J V X
U Y A A R W E N V Z R B C S T G R H S N U P T Y C
C U C H X C R G I J A G L E T R S K H Q N B L J S
X I J M E P Y S H L J Y F E N F V E Y H Z U K R C
P K W B N O O C O C B A I L K T X Q H L B H J K O
V T I Q R Y E N U T S R U B T H G I E U E W C A B
N J M J L J C Q Y P E D E P F P W M U J E Y I K Y
B N Q N B I I L L I V H J C K E I T I S W S W T S
Y C Z C C W F V Z S J X H I D U F Y F H P R D L H
```

Crescent	Cocoon	Blinking	NorthAmerica	EVeil
Tarantula	CatsEye	Eskimo	Rosette	Bug
EightBurst	WVeil	GhostOfJupiter	Hubbles	

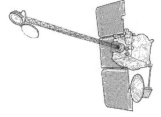

Search 15 – Constellations

```
L F U P U D E L P H I N U S I G Z Q H L W V N F C
Y E K C R D R E E Z U N R T O C R G R K U W K O O
L R C Q B I W O K T P N S P T Z D I M L C Y L H N
Y N F Q D I E M P I O E A R V Q I A P J K P R Z Z
Z B P E G A S U S R A S M R M T W E O D Q I Y X K
F J N U X D T X M O Y I A A R F C S B I V S G L E
Y N L R S H R A C Z C Z J K I U V U W T W C X D F
M Q W R V R A Z M Q U C O D L N S I H I R I Z I J
G N S H V Y R S V R A S R A Y P N R C A Y S L N I
R Q O G V K I T O N I D V I C L X A L K A A Z Q K
W D U L A A C B C V A Z T R T A X T W G G U Y E N
B F G X E K Q E F R L B G A I X R T Q Q T S S Z W
B L A S Q A R A Y M M B Y B U A X I R P O T V I A
W N B T H U M L D K A O A U B R B G N J P R M B D
P Z C Y K C L A N T K Y X I P F U A C A A I H D V
H Y Q S S N G A H X X I M O B X J S C R V N P K J
G L D R X M V D Z C B G L M A N Q I I A B U R M P
C U D O Y V W E S Y P K Y J R J D F W U S S S P F
V O H N C X F M X H M J N J A H O Z U X F F D A A
O W Y I T A D O B N P A C N R V A I O Y B N K G R
E T D M D N N R T S F I L T C O J N A P T Q J T D
C N R O B R X D Q F Q A D S T G S T G G X E W Z W
T T A E U O H N F C H F V N V C I D S X F W F S K
W B J L E F X A V Q T M G H M F Q B Z J G K Y L E
Y H T O D S I L A E R O B H J I U X O M G A N K R
```

Andromeda	Ara	Cancer	Carina	Chamaelon
Borealis	Delphinus	Fornax	Hydra	LeoMinor
Lyra	Norma	Pegasus	PiscisAustrinus	Sagittarius
Taurus	UrsaMajor	Vulpecula		

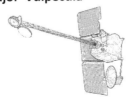

17

Search 16 – Constellations

```
S Y T L E P U S L S O Z W O Y H W C S Q H E O E S
E G K C Y G E M I N I W M U Q B N R M F G X H K J
S H M S V W B T A E H V X P O Y T S R V U W J F H
T W J Q P Y X F Z K H I E R Z K F G I G C R S M G
C X M H X N Z S T F D W E M S I P P U P E U P K N
F T A I E P O I S S A C T H P O T D E Y E T F Y S
P O S X J C A N E S V E N A T I C I J S U E O D F
M F D U V Z N E O M C Q D F Q I Y I R Y E L Y A A
I N Q A I B O C T A N S K Z I X W E W Z B E D S N
R P F C R P Y E Z R X O W D T D P N O U X S W W B
P P W Q I O R A M R F J Z P S B P P R K B C W Y T
C Y K H Y R D O N R H S H D C D F S F A M O B V Q
V X A E E S C W C P O U C Y X O A R A Q W P X O Q
X D I E P M O I B S U V I P D M I U B U S I V O W
J D L A O L A A N V L R X W I R K P K X Q U A A Y
N D T R F R V J H U Y O E N A V U W L C E M U T D
Y O N W V W L V K M S C O B N C A S K S P Z F K G
B U A B G U O V U B B R A I F X P R L A V P J G B
F O D C D J U X N B X Z D W V O C P D T S Z V F Z
B J U I A Z A D D H O O X O W E K F V C C N V R T
C J J V F L K V B Y Q L R K T I I U X E I E E E Z
V E S N P C R K I V T K C Q V H Z R S E I R A M Q
Z K Y G E P N D U G N J P W V Y X B D C I Q T Q P
E E C O G J F R J E H H T A C X M W X I F S Q M D
S M B T J P N V V F V N B G O N R W K P L L S E Q
```

Antlia	Aries	CanesVenatici	Cassiopeia	Circinus
Corvus	Dorado	Gemini	Hydrus	Lepus
Mensa	Octans	Perseus	Puppis	Scorpius
Telescopium	UrsaMinor			

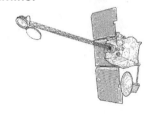

Search 17 – Constellations

```
H H E E G C N R E E U K S G W G E C B T N W E I O
L Q C H S H U M S V C H O K X Q V R L Q B A C Y G
L M C V G T D X B D P I C T O R E V Y G Y L C A O
B X C Y H R C B E P S B M R U N C C O A E A I B P
W N M W D T T V X F F E Q A V Q R E D M I C B S U
X A E Y L P L U I A H W W O T O A N L H Z E O M O
C A J C J L P U K H J Y A Z M M W T N L R R G P E
K Z T H Q Y E K A J M A S D H E N A B X C T R I P
N C S E H T L G L T A H L S U E L U U Q E A I R X
T W S Y F G I U V R C N L I N C N R B S U U V E D
W R H K O R P R F I E W J I M S W U D L S U C T U
V M R C U U E L R A W F H Q M N J S W V E S D H A
U U W A S D H S H N P S B A E T R A N X L I R B B
J E R P R I E Q S G W P E Q D Z I V B J U E O K H
M K I J J A C N X U B G F R Q F M K B R C D J H S
O Z K U V P P M M L M J L U V R W R T M R G A S D
X J K M B Z L U E U U G U I F E C W K U E M M C X
J N Y O H O N L S M L Y C Y W T M O V F H Y S U Q
U O U N U F Z E D U U M L F F A F M L Z L D I T V
A I L O S P V E L Z C Z U U I R T W I U C J N U E
L R D C H J U N D W I C Y O V C V E B I M B A M K
V O P E M G B E D L T T S P H L A D A E K B C D V
S H U R M V S J J U E K R F R W J L R V H V A U W
J V S O B L Q C V W R C P V Z X P O E D G P R Q V
M D Q S L D P N H K K W T G Y M A G M V X N X J B
```

Apus	Auriga	CanisMajor	Centaurus	Columba
Crater	Equuleus	Hercules	Lacerta	Lupus
Monoceros	Orion	Pictor	Reticulum	Scutum
Triangulum	Vela	Virgo		

Search 18 – Constellations

```
G E K I E Y G J Y B V T M A Y T C V T B F Q C C P
S B T A Y T W Y Q Y A V B H S I Y H P W U D E B I
M Q O O N C A N I S M A J O R D R D B G O C A N D
P H G Y T B P H O A X T E T K E L Y R V D B Z W J
U E M G P Z Z F W I M Z Z J E N A F A A F A U C M
Z M W H F B O V N G A M W H O R V P X A C W X F S
B J E F C R D E B Q M O W Z K C I M R E C X T R G
H P F X N I O S R W D J A S N Z K D D P R P U M Y
A A Q A Z H O H Z B X Q M X L N D R A E K Q C D W
D H X N P L H T Q X F T R V E O L P B N I E A Z O
D M V W A F R A A G F X O F A N A G V P U L N D C
C C H X W L J H T V P G N U R N B O A E S A H Y
V O Z C L U D X N I S R R R O Q X L V S I D X B W
F L I V G Z N N T E B U S S U H H P T O N N Z M I
A A H V S X R M G Y L S G P N K N G S A S A M B F
B L T I I B S L A U V S W Z K H Z W O N C U L X J
O E M R P B O T O F U N T G B N A L N R A G T O U
O V E O P J X K G E X D D W U V Y H U J X T P E V
K M T F U A N K H C K P F S U F K X S X U T X H C
Y Q S H P E M P J N F L M F S P E R H U K A R E B
L T H Q U Z E D M S G I Y M X R S U I R A U Q A S
S I B I V C N W Q R X B A S T G X L C O C A R D J
O C Y G N U S Y T F E R G Q D A B K G S E T O O B
Z V Z E I U O G R H O A I J I S B D E Y W P O T L
M Y W M E S B M U P D K H R M O J L E G Z D E G I
```

Aquarius	Bootes	CanisMajor	Cepheus	Cetus
Crux	Cygnus	Draco	Eridanus	Fornax
Grus	Libra	Norma	Phoenix	Pavo
Puppis	Sextans	Tucana	Volans	

20

Search 19 – Astronauts

```
K Y G V Z Q C Q B P I S E U K T T D N A T U W M G
F R P G M I Q Q T X M T Q Q S C R J L H N T E L N
H S S U G N R Q F S G S N F U D P Z A I D J P T N
R I O V M P S J Q F L X C N S Q O R A D N O B H H
S L G C W B U V A K H E N T O P A L K C X W R I M
C L T J H P P I L D P I M J H U N D M T G F J R Y
P O L N G O F J Q F N E T G F X S T S O U S Z S T
Z K L O V P A Q K G A M V P Z V A Z I R R M H K Y
X V X M Y M C Z H N M X B E S Q R Y R H E G C N F
L X M I O R J A D X X J E M F B I E K G K E A R M
X W C G E Q M E R R C Z A U R F R V S Y L A K N K
R T R J K B R G Z D R I A E X B O W P L A K L B A
L R O J K S H Z T U Z D D B S R R T P A W X D Q W
T H F E H G Y D F V K I W D L K Z A I T C C G Q O
A A X C T F H E Y E L Y V P G G P E V M P B I R N
M J H N N M Z H B A B S F A B X E K V O A P L E A
E I D E C Z Y C R H Q G Z L J Z Y N J D Z H E P T
M S Z R J R G R S O S Z R O O Q Z K N L R U C O R
Y F N W C A I A I M W J P O E R H G S I G Y S O H
F A T A K H L T N P F R H H D A F X U X W B G C L
B W N L C J M K J H M W J N M Q P J Q L N E M I D
E W R S T M A T C T Z L E E W I L L I A M S D C S
D U A E D G A C O Q X F I K E B B L Z X I Y N L V
B P G V R H I V F E G H E Z H A D F I E L D A T P
U V B D W P I D X K U B X Q B N D N V V S S V L G
```

Schirra	Diaz	Bondar	Nowak	Ansari
Cooper	Williams	Walker	Ashby	Chamitoff
Lawrence	DeWinne	Thirsk	Hadfield	Garn
Furrer	Cunningham	Anders	Ochoa	Morgan

21

Search 20 – Astronauts

```
C G Q D T H N Q S I R P N H O O J O L S E N X X E
N T I F V N D L R T P M F B O H T Q P B C S C N R
Z J D B P F M R P O O Q U F W T U H T K S V Q E J
F L Y Y S H D G S I D K I D B D J H N J W A I O S
A V V N D O M J P G B V Q Q D X I Z A H S S E Y A
M Q P E E L N F A I C E I N N Q P E G R M K G X B
L M E L O X B C I M U E U Y E S Y I M A G N U S P
U Z R S G Z M B W A R N L U G T H K N Q G Z I N V
A S R O Q L O U L H B C B S Z D E H N N I C M P F
M X I N B V S L W H E H S B P S H F B N M Q V A N
P M N Q R W K I I S A K R F M P H G R E W I E N X
B J N T F R D N B Q M H M B Y C R J P U N H X T Z
Z I I N L X O V O O L T B F J A T N A M W E N E W
H I W S Q D D B S S W J D J E R N I G A N J W A Q
C V R O I Y Q G W X N S Q B O V D P N P O X H N Q
T F I U J E Z L A F Y I H M I D R M F V A E T D N
W X G U K J S P N U X V B A X K O V K R C T D E E
C N H X G M T Q G O K T D O R S F M R D G I U R I
P M U Y E T Y I R S K C R J R M F S N Y C Y W S C
H N S C H W E I C K A R T T Q U A B E U H Q U O I
J K L E G C Z U K R M G O U A W T J L S D D M N W
Y R F R I C K P A Y E T T E W P S D U H Z A Y Q J
L R B N N M J Q V F V C O P M I C N U Q T J B F I
G K V E X Q R A S Y C T H A O R C U Y E X B E O B
R F B V O Y I H A H U Y B Y O A H I L H H F W A D
```

Sharma	Reisman	Newman	Gibson	Stafford
Lucid	Guidoni	Robinson	Schweickart	Olsen
Frick	Magnus	Curbeam	Irwin	Wang
Nelson	Perrin	Payette	Jernigan	Anderson

Search 21 – Cosmonauts

```
Q Q X L P F H K P W U D N Q D E D R X L O B T X I
K N U V O A W J R E Q D T T Y O T E J F Q A R X S
V D R O U Q W K J S B V I S R R O V H G C V B P Z
P L G P X S J O H I R E W N F F O H A X C O W M W
C G P L W H M N W F K Y H V O H T K I Y X K D Q W
O J L K N M X Y C N B A S B U J N S W U G H B S S
T W J B V A P O U W S L S N J O W Y T F R S F N V
J V Q E X E L Z W A U O G Y Q Z W W I K B E K T M
X J Q F L I P E V G A K A C A B O V T B C R O R V
D A X S A C L I L E E I G Q H K N J O O Q E M L D
M G H N O D T J W E R N A H G S E J V V R T A O N
H Z Y B N S C C P G W G R U J B J E V A E U R N S
L Z T O K A K L A D A P I T V O U Y O Y F R O C C
E Y J A G A P U D Q W G N G N B E J R N R W V H O
G R Y W R Q B I X I T T N V T Z A R U I Z U K A G
O A Z B O X J F V E D V V T O C X F H P T U V K X
M C W Y F J P N O H V O O O J T I Z Z C A N O O T
I K F K P C B X N H G O K F A L S A E K H U B V R
U A V O V D U X O V D C A X S N Z I D Z K A E H M
S L B V E D D F E R A W Y T K W I R T W A L E O H
B E E S D A A P L O V R L J I C J Q J K A J E R F
I R B K Z B R A O R W D O L I K J H Q K O T A P I
C I W Y P O I Q P M G V P S X Z H T I U Q E Z H G
A D W D R W N D C Y I U A P Y F U R U J Q W F S Q
C H L U Y Y I F X B L R K X H J K V O P O P I W O
```

Tereshkova	Titov	Bykovsky	Polyakov	Nikolayev
Komarov	Krikalev	Feoktistov	Leonov	Gagarin
Budarin	Dezhurov	Kaleri	Lonchakov	Padalka
Popov	Savitskaya			

Search 22 - Meteor Showers

```
H A W O P T T C E F N O C Y O K V X G Q Q H F A Z
H R Y B G L U B L R I Y B Z A K Z D Y J R I H C Y
C H B B R F R C R P E R R B B P Z P G E T Q E I J
R K U T P V M J M U O V S S Y A C A R M J O L D B
J H B Q Q E H N S F R X K I U S A B G G D V Q F B
Y Z C P O O D E D S I Z D N B L J B L J V Q U J M
S I Z V O T E C I D O Y N C U E U V V L C D P O S
H H Z H F A D W P I N C C L V O N P D E W O H Y F
S I F E A U C F P T I O F L N N E A L B D R O P F
R H P G T S R K U O D M Z L U I B T T A Y Q E I M
L U Y B U V D M P R S A K H S D O P N X D O N O F
S F R T M J L F I E R E X C D S O M X H W F I J Z
D C Q N L B Q S P C P B R R I U T N C E I R C Z R
I M U S P A Y H E O Z E M H N T I J R S B A I D M
R M A P V T N C H N S R O T I H D H V V T S D T O
D Z D B I H S G E O A E C M M L S R H U S N S V H
Y T R R A C D Z N M X N F W E J V P E R S E I D S
H V A U Q I I S Z M P C Q W G O E G T R C B Q K L
A E N R Z W G C S W L I Q N J D Z L I V M X D L I
M F T Y P L I R M Y V D L U E O P O A G P T L I D
G T I H X O R Z X D K S T R S S R Q U B A Z Q C P
I W D R K T U B F Q U E M S M L W R K L B C R O Q
S O S Q M L A V X T H Y V I V K U Q C S D I R Y L
Z D N D R A C O N I D S W D O A I G Q E P P B X H
L N G H S Y T M M M O T F S R D M V X M C L N E V
```

Quadrantids	Lyrids	JuneBootids	Perseids
Draconids	Orionids	Leonids	Phoenicids
Geminids	Ursids	ComaeBerencids	SigmaHydrids
PiPuppids	Monocerotids	Aurigids	

24

Search 23 – Probes

```
Q D D T T Z R U C U R I O S I T Y R O V E R O J N
J R M D U G L Z G A X E Z T Q V T R O P C U D Z H
P O E H F X A W M Z S P A I M S N Y P X J Y Y R Q
O N H T H N G D O A N U Z G G G A C A B O J S F D
C R H C E X G Q M F C B B M K G U R O O E Z S A N
B Z G V L P E M M V K X K A E S T S R F E G E Y A
L X A M J W G L Z B S E E R Y E I W Y O B M Y K A
Y M D G Y F J V B Y S P P M M A P X G Q R Z B Z Y
Q J B Z J Q M X E X G V R I T I H A X X E G T G L
K R M T G U C H Q P D C S M S H A H L O U N R C A
A C V J H Z A K A T S U K I R W G H K D R V P P G
S Q Z M W M R I P E V O R S R V Z I T O J K A Z N
E N W A D P P G K B N L J F N K N P S L G R G K A
B D D N Y Z S R B H T Z P N Y A J B Y N K Z S E M
H F V S C G S Q T X W S S E R P X E P E I T X T V
K B K F G D P D X E G W G B H E W D R I Y R L M I
J P B R E O Q V I J G I O T T O G S B E S O N M R
Z I V U F O M X C X R X B O G Z O B Z M I L W X P
V O I U K P F K E W C G D N I L Y G P K S V N B B
I N F F H R O B P H Q E P L A M H B Y O E J R M S
Y E S F K Z C B Y Q A F D R L L Z Y O M N P O K L
N E N R B F Y I Z I B N Y L D G T N J F E M R Y W
F R J G S S N O Z I R O H W E N U M B E G A V V W
I W C R D Z S I I M Y E L Q C J W B X L U E V N U
V S H Y K Q N E T P B J H A Y W N O I P L X V L S
```

Artemis	Akatsuki	Odyssey	Express	CuriosityRover
Mangalyaan	Maven	InSight	Hayabusa	ParkerSolar
Juno	NewHorizons	Voyager	Pioneer	ICE
Giotto	Genesis	Dawn		

Search 24 – Telescopes

```
C C T K Z I M C P Q G D V O U L S V N V L Y E J W
T M M T A O B J T Z A A G X Y S M X S V Z X B Q L
A M K N M I Z H G B Q R E Y V A F T K K M D N E M
Z K U N N T C X J V K Z G F R Q V T I Q T Q X C M
P P K E T O K G Z E K B A Q G P H M S I B D J L H
A S K D S M O N P D F D T R T K O U B A J S M U U
W S A B E E R L H X V P A Z P T N A B M V T L F H
H M T S J J E Y D T Z X H J I W X U T B F L P M U
K T Z R T R Q K L X C U B H X I B Q F M L Y A Z R
Y Q W D O R P A T V T P A B S F L E I R A E W P U
S X F S A N O O N O X F Y D O H V Z U V U A C W L
M X O B U H H S B E R V R L C A M M H T G A J M L
H S Y P B C P B A W J O A K R I O D E I V S M F H
Z Z Q O E A Q J T T G S C O A A Z G L I C I R V F
L Y U E B P W P U C E Y W R P G U E H A M K E V J
Y W A N O Q U D O E S Q A Q P K R E V P C H D Y D
J U U S E A O F K G M V W Z I J U J X Q V I F J V
J S R S P F I E H A J B U T H G F A B V Q S T K V
V I L M G R T I W Z T N A W C R P R U P Q A B K X
E S T T L A O A X Z V H B S N V S W X M R K R W A
J B H R N Z U T W O M J R A Z Y O I Y F G I I Z P
P B J A I E U F O J N V U Y X I N Q K W B L T V U
Q G R Y W M U V J N A X V W O I V E Q C J W E E F
D G M P N E Q O U B W F B S D C B F E W V G W L F
N W L K K A C I J G Q O M N W R J E I N U B X X V
```

Proton	Granat	Uhuru	Ariel	Aryabhata
CosB	Astron	AGILE	Hitomi	Hisaki
Astrosat	Hubble	Kepler	BRITE	Gaia
COROT	Hipparcos			

Search 25 - Unmanned Spacecraft

```
D H O A Y B V U C J T S C I H Z X R X Q I I F C T
A A Y R E D N I F H T A P G W Y E R T Q K Q J O N
E D L X J F M H V W U L H Y P Y N C U D C D S F N
O Z J T R D J A Q M P A M D K F M B K M V X F Q S
J Z Z E Z F T S R E I T N O R F W E N Q C D I R H
H R G V N N U W X J R W O K Q U A B S R W A A X N
H N X D N B L L M F T V X R L B P W P G W M E D Q
A I J T S T V E Z Q C I H D S J T P Q A R X Z H F
U W S R A M O X E E N E K U K J Z R S U B M I N A
J L O O M T L O S H L G B H U X J O N O R W D U D
E B A A V K D B F I X I Q H W Q H S H R E I E F I
K Z F K M F L Z O G F L P P F F J P G T R P I H J
W S W E D U P S W U K J S D D B M E S U O S M A T
H U B L U N O K H O D V B X H U I C I O L W V P B
X A M C J D M V W Q G E C R Q E T T V O P K U G K
C S K Z M M X K I H U A G G Y P Q O N B X R U L M
I A S Q R J O B S A N O S G I O I R S H E E P Q Z
Y R P R C O S H W Y V E O M B J P E B J K S E O Q
H M A R I N E R O O J Z P S L D N F L A G S H I P
N M O T U C Z N K L U I K O A T J P S G T K F H R
Q I K F R G D C I S B D P D I N Y K W K L J V O V
L M H B R A V I K T I K L N D H O U S L P W G X L
U F R G Q A A S Q J C F E G X U O G L U J Y B P E
N L M R N J F I Y R E L O S I G G X E O B X W M K
A L I Q X Q W C E B M K C O Z X J B R Z W N K R D
```

Canyon	Sentinel	Pathfinder	Explorer	Prospector
ExoMars	Flagship	Helios	Luna	Mariner
Lunokhod	Mars	Nimbus	NewFrontiers	

Search 26 - Unmanned Spacecraft

```
J T F F U J N E B C T G P Y R C S C S O L Z V G R
T T W N B C N Q P G W D J A U P P E D I R W H A Z
G A G E V G L F B M O V U S M X U U Q Q A C M E Q
T C K C W V M T K A O O O O D Y T E C C D A Z I U
N E S D Z O N D E Y K N R R M B N N E Z G R P V O
O M B H X Y Q D A U A K I I Z K I V D E F U A Z J
G Y S M W W O G S V C O F T A X K B L V F N G D Y
X P Q I L K E U T O B M K J V H B L Q X G G J P O
J P T K I R B Z Q T I K M Y W J A W Y U V R V R J
A O P T V T E L A H C S Y O P N R U A O G D O I J
L P J Y P Y H S P T E R Q S M A Y R K N M Y O M X
O X Z P L X Z D T S P O X K O W D D T W E A R Q S
U I T J F I J K S E R P H L T O N T O V J O K S H
E T H Y E P O Y C Z P G Q D E Q I L R Y C B Z Q Q
T Q U D U H L J L Z R B B Y I D N U F K V B X G S
T S J B D U N H A E S D W G C G S Y E C W D T G T
E C T V V A Y S E G D I E U W I R E Q K P W K F Z
K F E V T S V N E F Q Z C F K C G N I K I V W Q Q
G E I O I U O D X H B V Z E D B E O S K W H E K Y
W M G H R I C R M T G Z O S T P P H O B O S R V W
Z Y F I P Z X A G W Y C R A R E N E V V Z N K J Z
F K C V U K R N W L N K T D H O L Y B T A V J N H
K I E J H O I G E L P W K B U R R W J B I C B O E
H Z Z T S E E E X S G K D C M P F I Q M I W X I C
J P I S N K O R X D S P R Y L C X X P R B Q D O S
```

Phobos	Pioneer	Poppy	Ranger	Sputnik
Surveyor	Tiros	Vanguard	Vega	Venera
Viking	Chalet	Voyager	Zond	Magellan
Ulysses	Alouette			

Search 27 – Stars

```
K H X W X I W P K W F L K D C R H B J N Q E B C Y
O D C U Q O Y P S B Z R Z M S L E Q J U S O A J G
X A P F V A B N F W K D K R M V X G A K D L W V E
B P V B P X T H G O C Y P D H Y V E G F S I W Y E
M H S T W I U U Z B O K L T A A A K X C X I P G B
C L L A R K X E A B L T G E T U A H L A M R O F S
F U V H D S O O X K R N Z K M F W B W X V X N F A
D P O L L U X K X W E S W P Q S M L Q S L Y I B C
H V S K J D X G Q V R N U P G N D I D Y Q M K E H
S T B D N G R F Q E T G C R M Z D N E X D B N T E
A I N D W E H V W N W O W B U T Y B Z V X Q B E R
Y L K U E U B K Q J B I C G M T A U H W R X J L N
D M G T S N C U B H E J B K L P C Q Q O M V I G A
X Q N O A G E X I E M A Z F Y Z N R P I T F B E R
U R Y G L W B B L E G I R P L J D G A S K D H U X
S A O I R U A T N E C A M I X O R P U S E K P S R
E W G K C D C G O M J J A R Z O M I I G R N T E Y
R N P A Y A Y T F P Q K B L V C R H W U V F F B J
A W Y O A L D E B A R A N R T I O B I M R K S K P
T J L Q X P B P J F B M V G S D M C T L A G E V E
N H H G O V S Y T K M F T O Q I W E I Z P U F R F
A V J G L Z V L B X T J L G N D H V G M A U W E Q
D U Z B G V B O G H B F C H Y F D Q O A S Y I P H
Z Y T A I E Y D C A N O P U S F N S G K L V A B M
L Y V Y B F O H M W V R I B U O A V O J H M B W N
```

Arcturus	Sun	Algol	Vega	Sirius
ProximaCentauri	Betelgeuse	Deneb	Canopus	Aldebaran
Rigel	Pollux	Antares	Formalhaut	Achernar

Search 28 – Stars

```
L H R M R P Y Z O O T Z T C D V P L A G Z H S D P
Z K T H Z T S W J U C C N S K Z M Z V J R T S F B
E A F P B I I I X Y X I G D U E S H U G Z A Q F X
N R R V I B T R B K B Z P Q O N J T L A T U A A N
E H H T Y K O F B Z C F I Q V R C W D C P C T X X
K F F F X S O E W B Y X S R R W L O P M K E W P R
S H O P D H B L R K P R I T J F L I Z B V T I A O
H D C H A E A K B Y I S U H Q Y J R D U P I U Y S
D F Q Y E H D L V B C H R S P M D U K K Y U T J S
X T N B G J B Y U S J I G R C S Q A O Z Y D W Q X
G Q G O J R M A F T I D A T N I X T U K K L H Z W
P F U F Y I A A E W A A H U J N I A F O R Y M B R
M V D E Y P L X L F O A P I L O R T A U H E O M V
U Y E M Z T P C N I P N L E E C T E L J L Z O K K
S Z X Q L Y H A X K N O A T M A A B P Y X H G D Y
F O Z M D W A L O Y J L I D M R L Q H I P J L B C
P O W Y P I C L L E C Z A V U D L Z A T I N X U D
W B G I Z S R E Q C Y G N U S A E Y C U Z Z K I E
M E B G E R U P T L F O L C H M B O E C T B B N A
L R Q P Y T C A Q C S T L N U G O L N S Z F C A L
F N B B X L I C I D A F E D B I U A T A Z T E R N
L A S E I Q S I B E T B I U W S Q I A T K Z X K I
Z R Q J V B J A W V G R X F S V D J U L O R H A T
O D F K W X B Q R E X P E B H R F O R E M S P O A
L S V P Z P U R V P A Y O E T S K H I D A U S X K
```

Capella	DeltaScuti	Bernards	AlphaCentauri
Cygnus	AlphaCrucis	SigmaDraconis	Alnilam
AlphaGruis	Alnitak	BetaTauri	Ross
LambdaBootis	Bellatrix	TauCeti	

Search 29 – Comets

```
Q H C E H Q A G M N F W I J H B L Y V N W S Q N R
N I L F J P T M H V I L Q N I M N S A R O P R A O
I M E Y K K T J Q N Q L C Z L X R U E E N J K U E
L W F I S Z Y Y L Y H U Q N Q A O C Q O S G C N Q
U E K W Z Z S T O I Z J E J N E N A T R I W G C G
A S F H O U M W G O S K J E L L E R U P S E U S S
F T X K F K N L I G Y Q W E D Y Y D Z P H E B C N
Y A M E P M H L D F F U J E L P Z N K O O C U Q O
P R I P Q U Y A F E T N K A I E Z C O F E C Y I S
T E M P E L D O S C B T R F W P M V Z Z M H H J I
Z W X W M F P E I Y J J U D L X X E W R A A L M T
W N S L D C E V U D I F V T U D X E U X K L G P X
W A O O A S A U O Z W I O Y T A I K P P E L Y Y N
H F F L Z D E Y P O S H C T P L U Q S A R E V K X
R S W V C V J K I I T V R E Y V E T Y T L Y C M R
G B J Z J X Q H A C D W J L Z O N C N Q E S N D X
F Q R A A E H I K T A O L Y C W G D Q F V Y X N H
F B X G L A O H L Y U E K H C A T J Y B Y R V X K
T W G P Z C R W F K R K Z V I I K E S A Y E K I
S V T N E Y A A M R D M A M N T A V U G W Z W E T
M B V Z R N O C O E Z Z K Y K E T U O H O K R J Z
I Q N J T H C B X K D I W T H N E A H O X Y R W O
J M I R E W W K J A B V A A P P O B E L A H C Y K
J O M E R E M T E G D F N W Z X C K F M U P Y P V
U R S G U Z P H U I G J D N T V N F O L T U X Y A
```

Halleys	Encke	HaleBopp	ISON	ShoemakerLevy
Hyakutake	IkeyaSeki	Wirtanen	Kohoutek	Borrelly
Tempel	West	Wild	SwiftTuttle	Skjellerup

Search 30 – Comets

```
P Z H J D E E Z A T O X K T Q Q G N X S C E F Y U
U W V F S R A E N I L I G T O Y Y P P P T M W Z U
M D K I S S Y S O V H Y E L T R A H X R B R X N O
P A I U R E T H H P B I I S D M B N L M J K C V L
P I A A D M T O T E R M A R I U E K S J K W E I P
Q F Q I F L E N E S D M P A U S D V X V O P H P D
O S J X G O M U M M X O E S R P R E G X P W U A R
G L Y K H H P J K K U R M O I B J F V D A Y F B D
F C M C W B E S R K Y J R G F N M D Z S Y Y H G P
R J N A F L L S Q R I B E L E N I N G R D E U X Z
G V H E B A T J X R N V Z A S Y S J M N N W S K K
K N U S A N U H X C T S W A Z C F C V B A N R P C
X V H A V P T Q W L P C P C C Y N K W J L F J P M
T I W R I A T J B G Q K F T B E V G I B O S J Q R
F W A S R I L L G C E U Y D X F N P F E R T J B P
B O O Z X N E H V L B P Z Q S G H R J W D S L D R
V T S B P T S X Y O Y N F Y N O Z Y Z L N E T J D
K J N Z W A D N Q D W O B P A C U P E O E R N I H
Z I X O L O L N T L E X E L L S B B O V R R S D J
B W H E P F N V L R O L J W P U M F D E A A B I B
F W I A W F W D N Y D V H F U Y C Y I J A D S G F
C B C H I R O N W X T G B V E D K D S O A H G F T
Q O B N A J V D J J U J T V Y S J K X Y V F J L I
D T U K C M S C Q K U N Z N W G N R R I C M Z F L
M B Y W C J P L J Q H S V B D C L M H Z J N T P M
```

Bielas	Chiron	Brorsen	Lovejoy	Hartley
Oterma	Holmes	TempelTuttle	LINEAR	Lexells
ArendRoland	Elenin	dArrest	Caesars	Blanpain

Search 31 – Astronomers

```
I N Q P I B X B Z Z U H P Q K H J O M E L B B U H
X R O C A S S I N I L E A V I T T N S Q V S D G A
H P D T A C E U C J U I O E I N S T E I N Z R Y Z
A B X A S Q L R Z D S G L R K S O A G P D B E X O
R X I D I Z X A A I C E F T D E A O T Y X L E H P
T B P J J P E E V T T O V Z L E N G V K P X J H H
M L E H C S R E H K O F Y I F P R S A A X Z T H I
A D X Z C F X D X E E S L B J Z P M H N Z M G N P
N S Z Z K F V P U P S A T P R X F S N E T B O P V
N Q O T O Q M L Q L G I S H N G F I N E G Q U A B
J I T P Y E O X D E M U X Z E J J F Y K W N B T U
Z S D D R D D X E R C Y D U J N F J Z R X T A H H
Z D N M O D Q A F I G M L B T V E H Q N O W O Z L
B X R K E Y T K N I N A I N U X A S G G I I Z N G
Q O G L J U Y R M R I H D J I G D B N P A O X T N
I N B O U H E S F K K P S D I Q H Y K V X E O B Q
B I E P B P Q B K V W X S L S U Z H V X Q G R E D
G N E F O A E Z Y M A B O Y Y G A R T O N A B T D
L G E C I N U Q Z E H I G G V I U K M Z H C U R M
W X I V Z I Q L O S H W E L S Q Y C O E X S L W C
R U V X A L U C Z S O N N H A L L E Y D A T V W V
H O E B S U D R G I S G D A Z O A W N S R Q E L Z
T W Y K E C C Y M E L O T P X K Y Y D I H A B W P
M P R Z F P V G H R E G M J G D B Q U E W I K B N
R X X G T Z Z N Y E F W Z N S Z Y V W Z W H M E Z
```

Eratosthenes	Ptolemy	Azophi	Copernicus	Brahe
Kepler	Galileo	Cassini	Huygens	Newton
Halley	Messier	Herschel	Leavitt	Einstein
Hubble	Shapley	Drake	Sagan	Hartmann
Hawking				

Search 32 - Countries with a Citizen in Space

```
M N V K B C R M O O O H M Y Z O B N D E S Q S O V
E H N N F S W E D E N F E E T U C Y A X T L R I S
A Q P A O T J L C M V J A P A N L E P C O Q Q A I
U G J D Q E R Y P K I Q R F Z H U N G A R Y L B W
Y J H A O A W B U X E C N A R F C W Y S A J I M D
R P G N W U Y Z L N V G M M Q E E J K Q P L W K S
K R A A N S X E M N H C E O X H A S Z T H I R A X
I L P C X T A E P K M L T R R B L V A A T Z J R G
S N F A H R C R C A C S W Q Q F P H I V Z A Q Q O
B E D P S I R C M E X I C O V L D V K C A R A S B
Q W W I I A U W J I O V E M W U G W A X K B L H L
Z M A L A Y S I A N I Y O H A G W D V P Y W O W K
E H G A Q Q A V Q U L R R E O I E L O D Q O V A U
D U N J T B B B G B U X A E Y N R I L L K J K J X
H G T M X A Z H U Q N U W N M X L Y S E C U F O Y
V L A I N A M O R C Q V M A J I Z O S O T V X Q I
W U Y L A T I Z U Z E R R V G R E E U H Y B Z O W
K G H B X V Y H Z L S K M X W B K C Z R F N H R F
X T Y W H A Q U E K G F C Q O E N I A R K U N K X
A J O D T L D Z V M U I G L E B G G O R X T T T B
R P M U P W V Y Q C K A Z A K H S T A N Y J V J X
J R R I Z J F C I H W V D L H D L G Y T R R K N B
Q U X I X T G A E R O K H T U O S C H I N A N D Q
N B I M A C I R F A H T U O S W I T Z E R L A N D
I V R E D V W X O Q A G O S G U F H N E U X F G G
```

Kazakhstan	Denmark	SouthKorea	Malaysia	Sweden
Iran	Brazil	China	Israel	SouthAfrica
Slovakia	Ukraine	Switzerland	Italy	Belgium
Austria	Japan	Syria	Mexico	Canada
India	Romania	Cuba	Hungary	France

Search 33 - Fictional Spaceships

```
X K W C G B K L M P E L H Q D A M L L G O M V L N
X R Q H Y E D F J V R S H M M F P N I P S H D K G
D V P O X R M C R V B M U I S Y L E T S V U M S R
K X H Y P E R I O N G E U U G F O A U R Y K P E E
H R O M B K A G A L A C T I C A R R H I Y K G R T
F D Z I W Y M X P E B J T B S D A X X U Y V M E Q
H D T S P W J B Y H B I D P I C H Q A S X K S N X
A R O T P E C R E T N I E S I H I F M I J N N I H
W F X E N T E R P R I S E W E W F R N I A O F T K
G X S A B G G D E K W K S A J C B E V N C I W Y L
R M B Y K A B M O A B U R Z H V O D R L K I S V Q
C Z H G N Z A N S X G T L I Z H G E A W E A D G E
J C E G G K S U Y D O L S I P S T F X Z F J Y R A
X K G C I E I Q K F V P E F C H M W F N H K S Z K
I R V G M Q S H G W R Y D F G U I Y X Z U N E M R
A Y P R N X E O Q O E E W I I N A W M E S S I A H
H B E L L K L P M P S S F N G V W I E A N K P F K
H H C K T D Z E T T P R N B T H E N B W O Z K O U
Q M E I S K T Q I D A E A P A L V G J N S J R T X
R P P T Y H T N W T L W B L W Z F U L M T S W I C
E O R C E G Y N S L S Y P H S P N C D X R C M T T
B X D U T X F D I A X Y Q C Z O X U D I O X I A L
F T S W G B P M K N H W X Z X Y G V P Y M L E N X
K F S V W H P Q B M V L W E M F I D M E O J G Q P
J W K I C R H L W S O X X T Y X W H W X W Z G U Y
```

TARDIS	Galactica	Elysium	Enterprise
Serenity	Prometheus	HeartOfGold	XWing
EagleFive	YWing	Destiny	Phoenix
Interceptor	Titan	Hyperion	Hermes
Messiah	Icarus	Starfighter	Nostromo
MillenniumFalcon			

Search 34 - Astronomy Terms

```
S G U C P U X A U L T W A I T R E N I P C F P V F
Q L S C N O O M L L U F C Z Y C Q T W N R V J K K
S G E X D W T G X E K Z Z Q R H Q Y P Q E B M D W
V M B J A Q P D E Q I E E B R C C O S I V O Z A Y
X Y F E A J U E J W O E N Y Y A N B O C O U B Y S
W W G R R L U E M C A C G X K L O A W E L R F Y D
Q X L Y M R L K X L N C Y V P B O B B G V T K Y C
D D J X F A F A M Q G E P O Q E M F U I E G M E W
J S O C S A L Z H U W N L L R D N L C A B T L A A
E F L T A L A H Y W S T H F A O Z Z A N G E F A V
R T N D A E C T P Z Z R G F D P M K Y T S B G G R
R O N R B S D I G J H I K Q I L H Q R T J N D A M
A D A A R K P U R L M C S I A R N E I Z H U S W Z
I P D T I Z R J T H D I E O T D R A N M Q A M O E
I Q H J G D I I T I E T L O I T L F K M U X Y W O
O B L M R Z A S D K N Y C N O S Q M C Q A A Z Z R
K V T C U T R R M Z F G F U N M K Y A L D R Q G K
E B N B X Y T U E D X A A A W F S D F S B V N O F
S U K E P L E R S L A W S M T Q F O E G S Y I R S
D W H U G E I E D E L I P Y B P B L M F P Y W F R
T Q U H E J C S I L E T M R M K W X X U Q F U H N
G I D D Y G P U P A N F K D W M E L T O Y Z P A I
G K D Z F L L P I O S J T N U V H U D X P K A F R
O J E Y W G F L Y B Y X Q G A L A X Y J K X Q E E
X N O Z F M P T F I H S D E R R E T T A M K R A D
```

Albedo	Radiation	Celestial	DarkMatter	Eccentricity
Flyby	FullMoon	Galaxy	IceGiant	Inertia
KeplersLaws	Lens	Magnitude	Mass	Moon
Parallax	Quasar	Radiant	Revolve	RedShift

Search 35 - Astronomy Terms

```
X S B G W Q K X H W L Q H I A U S V Q J M Z C E R
N E B W R D J D Z U S C R I Q N I J U E A J I B C
Z A O K U J Q T A F M J E C K J N R S R X T O L Y
H S G M R Z Q D F D I D Z C E I T R O J Z Z N C S
M Q N O R T H S T A R S S I X L E O X A V R O H J
R C G L J G J Z I A L P Z U M N R C C H T F S R L
R U R O P D I O M L K V S J F N T K Q K D Z P M Q
V E A A P E R T U R E H L P C A I E M A L X H U T
X P V G A M M A R A Y U P H A H A T Z X X B E E J
B Z I G L Y W S P G I O N C V C Q M R O O E R Q O
A H T X Q R A D K U A H J Q O N E U Z L N L E F E
U M Y P M D A N D Q A Q Y G H Y I W O O B Z O V P
U X U N S F C A I B D I T Z Q G W M W M F Y R V C
W T M L A E R E D I S R D X J G O L C G G C V N R
K T K R Y X I B K C L W Q O S T S N H F V A P C N
T D T N T P F U Q W K F F D E A M J N I B Q Q H O
J C P V X D D R L O M C X R Y Y S O J U P C B H I
A W W F G H E O N K G O R P Z T O A G W H C H S T
V I T O D T J T S G N A Y U U M N P N A R M G F A
P P W P S A R V Z I Z H K T W R E A Q X M N B M N
T O D U W Q L Q U A Z Q B E Z E R S R S I O K U I
H T L Q G V U Q N X S C N L I T A T A R K P M Q L
X C H P Y D E K F R N R U B B A L R N I Z P N Z C
I Y L O J O T U O Z M E S P F R F O U V F Y C O E
O V S Z Y S F Z G G I K P D Z C H N L V M V C T D
```

Apastron	Aperture	Bolomoter	Cluster	Crater
Declination	Equinox	Flare	GammaRay	Gravity
Intertia	Ionosphere	Lunar	NorthStar	NewMoon
NASA	Rings	Rocket	Space	Sidereal

Search 36 - Astronomy Terms

```
G K U H Z H I P F X Q U V G N I N A W C L G D G X
H O G R J R Y C L Q B X W W Y E N L A Q X K X S O
P U M R Y U F T J A Z L R G O G Z P N A C X A G H
F X Z Y W S Q E F B N M N N V Z K E R J G N H T
S S G E S A J U J M Y E X K W Y Q N L R R F V T T
J L P E P P G H N I Y Z T S T E S M L R E O U N K
Z W I O K B T N H I J J B O D U A W A L T P A R W
B L E F M D J Y K S V U B Z I M R H N Z N E E D G
F X N C H G V G S F A E Y K F D F E A H A R H Q J
R Z B D T N T H J F W P R Z Z R O O V W I I O N K
A F H M E P L L V H N K A S L A M M T Q G H Z H G
F R S F L Q J U K K T L R X E F F B G O E E U L C
R Y T X E A H M Y L C C B U H T G Y J J T L T S V
A P P O M O Y H F I C A M V A C U U M X I I H H E
W H U F E B N U T Q E I U N F I Q G I R H O C N V
D W M N T N O I S S E C E R P G S I D A W N U E F
W G G X R F W S T U O F U Y M S N Y E Y V T A G W
O R U T Y L X P V Z N D C T Q H U I Y L P Z Z A J
L Q S P Z V E G M D C K S I W I H Z X E D I O A O
L H R M Q O C K U N Q R L S N W W G N A L K X V L
E M L W F I D S R Z Z N P N V C U I E J W C Z X U
Y O R M V N M I Z C C P N A Y P N G H Y N O Z A B
H B P L B B B T A X H N Q R W Y W K P D M I X J I
H L Y Z E N I T H C G R M T N W O R M H O L E T B
R V D Z B U L T P E R I G E E M N O V A K H Q O N
```

Telemetry	Transit	Umbra	Universe	Vacuum
VanAllen	Waning	Waxing	WhiteGiant	XRay
Zenith	Zodiac	YellowDwarf	Wormhole	Precession
Planetoid	Perihelion	Perigee	Nova	Neptune

Search 37 - Astronomy Terms

```
I S Y E V E N T H O R I Z O N H F H A K Q Z B V P
I Z X L I O J J A X J U X S U H Q K U T Q G I U T
C I D S P A G D O O W K R I K H Y E A Y L Q D W C
S N Y T D X Q G L O P U E V F E C D W R Q Y N X N
D I A M R N E I G Y R K Q Z B L L N R C V O S Z O
S M V M L J B C D P V W J G I I D H V O I V E R V
M R I A R P U U S H E Y W P U U W Z F T G U P H R
E X F Z K U B W H U H X S C S M J S A X W E P Y J
N N R I J T U D J C O E A T L V Y U R L B M N P L
E S E M F Z N H D W M N Y P A T Q V C G I O R E J
V E E U Y Z N S G Y E I O K A E H B T H N A W R M
H B F T F X C D U T Q O J R E O A Q Y V A N S B G
K M A H Z P F A V U N J R K H Y F M J O R F A O Q
L C L Q R V C E W Q O X A H D C C N D I Y R N L J
H A L I W P O B F A R R J G W O N F F M S A O I B
Y C T F H T S S V U D G U S J R D Y Y A T E R C Q
R G F M N J M Y I N O O M F L A H G S L A K O O Q
V N P J P W O E V J E M C H L U I X R O R A C T H
K A H O R I S L V V O A K X O B C R K K E P D R V
V B B O O L N I T T N X M O B S T N Q F C G J P R
T G L R T R S A S J X L C O M A E R V O S B Q H F
G I Y L O X V B N P N R U T L I T L A I X A Q L I
H B Q K A N W G V P M S T S K I L O P A R S E C P
H V C Z Z V J U N M K C N J C R S E K M E E R X Z
F L T M I N Q V Z V U S L A L F G E F B J I C E X
```

Hydrogen	HalfMoon	Helium	Hyperbolic
Kiloparsec	Gibbous	Geosynchronous	FreeFall
Eclipse	DrakeEquation	Dust	Corona
BinaryStar	BaileysBeads	Azimuth	AxialTilt
BigBang	Cosmos	EventHorizon	KirkwoodGaps

Search 38 - Astronomy Terms

```
L G V E N R I D S N M H G H Z G M U I L E H M L N
F C A Z Z O R M X O S F E I G I G R N N C A A X T
Y I W W C C U C Y R L Q F Z C G V D T R W X C X K
X D H R S H S Y T Q S P P L W Y J U E Z L O V U U
W O I H J E C H I F I J A J R B M S R C T F R Z A
M N T M H L O G L H G P B R N C S T S V X L A T S
O Y E H P I S J A Z G B X T S M U N T Z V M L O J
K S D R T M D E T L V L F D V E E Q E P V M H P U
L Z W W R I H D O Y K F D L C X C V L R V J E O C
P U A C A T Z I T X C X J A Q Q R Y L E A B D X Q
A Y R K R M N E X E G V M G V R B F A D T K O R I
F A F Y S T Y X T F O E X R B M U L R B P E J X Z
Y M Q H P F A O Z H G V P A I C R I Z E H U G E B
S K N T C P A P E A J Q H N R S X G V D F D I M C
I M B X H N Z L Q M A D C G F D U H M H I T A D N
L P I H E D D A G X G L V E T H M T R B H O O G T
G T S D S X A N N Y Q M S P I R K Y L A W P T M Z
Y V C A H Y P E R N O V A O S J W E R I Y S K D W
T S K U Y K L T N C R I P I E D A A W J Q N B I A
B O C C U L T A T I O N N N T W Y R G W M U Q C H
N H J Q N V V N T Q M U T T N I K L B V D S I O Y
B V K Q L A C P G O L G C S A N Q G L X J C A J Y
M A V G X D W N Z A T G O R K Y I C L U S T E R Z
P Q J Z M L R U Y V E F H Y G Y Z Y S Y K S Y U A
U T S A S U O Z I G S P H K U Y E C X K D W V D Q
```

Cluster	Exoplanet	Helium	Hypernova	Interstellar
LagrangePoints	LightYear	Muttnik	Occultation	Parsec
RocheLimit	Sky	Sunspot	Syzygy	Synodic
Totality	WhiteDwarf			

Search 39 - Female Astronauts

```
B M Q D Z D G E G T L Q F H S I A L R L T Y H C C
Y W A K Q V Y N K F D U R O S Q U L X H E S M K A
V T F M S X S M O Y I F Y L K D Q M P D I C U L O
P S R U A M I H B M V P R O J W L I K H B T Z C H
T P H H G A P H O H J Q D E O O I N D N E K B L C
Q Y V C H U D P K U N C M U G Y S M U R K W H N O
B D V U E L P S C R T I C Y K K W M E Y F U P O A
H Z R D J Y Y I G A S K H G X W V S N T Q A Y S N
E K C D E B N P W O Z V A J W S H R H U N F C T U
U X F O A N Q J N V J X W Q M K F U O G P O M I W
W O O X R G N W X P K N L T O R N C J E G F W H A
Z B U R M E E H W J E D A V O R O O N R V Z W W B
O G O I M E S V X Q Y T A N P L R E S N I K B G I
K D P T Q Q J S W B H P X A L U H R S C H P T L W
N Q R Y O I H G R V E H D I A Y A K S T I V A S F
B T Z L F F W A S Z U W N M T Q I I L R I D E E M
M M B U H I O Y C U E S P A H H W M E S N I V I T
U R H P L Q V A N I O Q V M C D O H M F C N R X C
R G N U M T A Z F A U Z G U D R P W I Y T J Q C M
E I K M J N W W H U E K O I G P I M J Y W V Q Z Y
G P Z L V Q L A P T L A W A Q G L C O L E M A N D
O Y B B O W N I M H O I N A K W J J Y G I O Y W E
H E C Z H N J F P S M G I P N A V I L L U S Q H U
M I E F F I L U A C M Z J X L M Y P U O S R U X E
I E F V L R G S L Q F Y O N A C H K J C H R C K B
```

Ride	Tereshkova	Jemison	Collins	Savitskaya
Coleman	Lucid	Ivins	Chawla	McAuliffe
Resnik	Ochoa	Morgan	Whitson	Sullivan

Search 40 - Female Astronauts

```
E Z N A I W Y X Q C O J F M G O B W A S A F Q K D
K D C O G M Y D H D L P H N W L B G M A U X P T Z
A C W X L D T D Z L B G Z G L T Z C L A R K K D C
W S Z U S R J I J V W O C A R E I N O A K K J D B
O Y C H H E L M S K N U U M K J T A D I Z K Q G D
N V J B P I A O Q A C P A I Q W E R L X L Y R E C
W R R S L T T A Q R T O O U K I H X U C Q G K E T
U G L X G E D S M P G K T B W L K R I S I A R T F
A Z U G Q Y I K A Z A M A Y T L J Z T J U V L F W
P U I M N J O Y M L S Y H B P I V K I A F P V V P
K T P Y P V E J C A K V P J K A J A H A T Z D K R
X U Q C U T U S N O G H W T K M K K X T K B S B K
X N K L T S P M D N V T E F B S G H N D N U A K W
U A O E D M G Z N H U E S R O J B O N D A R M W K
G Z L A U X N U B W I Z I S E J N A M R A H S N Z
T T D U C M Y Y L P N D J X O N J V Q S F O F O Z
M I N R Z F B X J A D I G N Q Y G M U F R O N S Z
I C L U Q B E P A E E B G P R I E I F P A E K L G
A O C P E X R E L L I A E H L K R O A J Y Y K I Q
R G O L S V G U E L H L I E A O K U N H F Z N W I
U W M J A E H J H C H I J N A J W U Q R B N S Q X
E P Q P U I C Y M D I C S H O K A C U U F F V L K
C I I B P X N S C U D A S W C S Z W B K P L U N X
Q K Y A V T P G F P R F L G U H J L B M A H V T S
K S F I B T D D Z I A R J H U K O Z R Y L Q M K D
```

Ansari	Bondar	Williams	Nyberg	Sharman
Nowak	Mukai	Payette	Soyeon	Clark
McClain	Wilson	Helms	Haignere	Yamazaki

Search 41 - Congressional Space Medal of Honor Winners

```
S S O O G I V U H V E G O M Q T A N N X
W A R Z L P E H S N G L L L G S B F T B
T Z O T N P P F K U T E O Y U B J N O G
V T N L G C F G V D P N W V R K C X Z H
N Y J I D G G N P N R N P I E N P V Y F
W C U X K B N U B A W D G E K O N G A I
S X Z O G Q E O O B H Y B Z T K Z W E Q
F T R T S O U Y R S Q V C A Y X I L T T
H R A Y R G B F M U A P L R Z Y K X J O
G P D F T R N H A H D S N M K L H R G X
Z Y L W F Q B P N C K P E S T I X M R E
J C O R Z O D U V Q S V W T V N B V I E
E O E U Q P R S A F L D D R X D E J S F
T G T Z X F V D E Q O O R O P H N J S F
I A N B B T L X S D V Y A N U N O G O A
H M C C O O L D N I E U H G J X O I M H
W P G Z A F Y W J C L W P T J U S N X C
D C R D X L N F K U L I E L D D G E L W
I O P C C N P M L G P H G Q F L S A T
E G L D N L C O N R A D S H E P H E R D
```

Armstrong	Borman	Conrad	Glenn	Grissom
Shephard	Young	Stafford	Lovell	Lucid
Chaffee	White	Shepherd	Husband	McCool

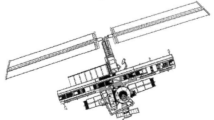

Search 42 - Congressional Space Medal of Honor Winners

```
C C L A R K J E J P E P W I U Z O S X J
U X O J D A W Y S Z R N E A G U V R M N
F E D Z F E C C W B L U K P D H Q W G Q
Z T E Q T K L U O W H P F E Q C K X G I
V U M P E I Q B Z S W K A R Y S R K N X
G C X U S N Z E S D Q U N P X V C Z L R
T E S D V S J O X C C C D N M J H F X I
K Z O A I E Y M Y O J B E Y J R A R P A
S T P A F R W M T N B B R N U I W Z I N
M S Y V K R K E Q I O H S P C P L N L C
I J G T N A B G R Z E T O X D F A J M M
T T M J N H Z Q V U F E N U I A I H V N
H E M X B G P X N K F M C P Y B M U N M
X J O X X W O S E A I H Y V K E I A T K
R B R O W N E E P H L S A O E E O B O A
N H G T E M R I P H U B G X O B G E C N
S M Z R Y T J E I Z A W M T E O Z A Z O
U F B Z E T L N R P C Z Z K J C O S C M
O J J A R V I S C L M W C C L S H U R A
K P U Q L R R J R X R H A W I J E D Y R
```

Anderson	Chawla	Brown	Clark	Ramon
Scobee	Smith	Resnik	McNair	Onizuka
Jarvis	McAuliffe	Crippen		

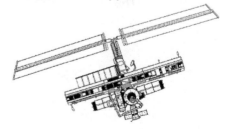

Search 43 – Asteroids

```
R W I U F S L J J T P A H M B V M U S R
X M Q L H O J Q J K D T A J G B X V S X
S A R D F R O E J P O A C C K H U E C H
I F U A U X I A B A R H E R C U L I N A
I I B A B I X G F G I U X E K V E S T A
N A B X V A T D R O S S K I I Q E K D G
T F C Q U T M A T H I S B E U H U S A A
E F M W T W U B N T D S Y L V I A Y I N
R U M L W W F S E N W N E U R O P A T P
A F P D L O E U F R I P F T N A I Y N P
M Y B H C Z P Y Z Y G V E J S S B B E A
N J P E R R L A A X X A L U D F I F I A
I N U R P O R R L I A I E R Y T E J T B
A I T N R V S F Q L S E B S F I S U A H
D V Z C O H V Y L X A G Y U Z R U K P L
P G C G T Y Z X N B M S C L D A V I D A
I O M J K G H F T E U X N A N J S E K D
W P P K E I J Y W E M G Z P E A P Q C Y
R D M E H E U N O M I A A S E R L B R J
W J J R N A J Z D S P E Q Q Q C J M Z H
```

Vesta	Pallas	Hygiea	Interamnia	Europa
Davida	Sylvia	Cybele	Eunomia	Juno
Euphrosyne	Hektor	Thisbe	Bamberga	Patientia
Herculina	Doris	Ursula		

45

Search 44 – Asteroids

```
E B O K Y J F O B K M B I F S J J A T M
I E X C Y L Y P C T Y M T U I P B M T Q
U L T L I I E B Z G S D G A S V V P J Q
N L M E T I S I K T B F T J S K I H A H
S K M E T Q O E R U T W V A I V Q R L E
K A P O G Z E U G E N I A D S B S I E B
G W A L P E O N D I O W G U E N P T T E
Y I A P T L R P Q I Z F B A H B O R H Q
W Z B F N W S I T O O J N L C J A I E P
E A Y H P D I F A U H T D A A T G T I X
J V E C D W M B P W N Z I A L K A E A H
V E X C S S E G S K X Z H M P G Y Q L K
Q K O A D Z H X Y S H J M A A H P Y K A
O Z X F C H T E C I D K Y M N G N W T L
W L A Y P I R B H S E A V L U L X E X L
I I H B V G B S E E C Z K A T U Z G Q I
R H E R M I O N E M R O L P R Q P C R M
I Y Y Q A N I H R E Y G T O O O W C Y A
S Z L X I B L X B N G O L W F C K K G C
O D I S V P A U R O R A B Y P F S F S I
```

Camilla	Eugenia	Iris	Amphritrite	Diotima
Fortuna	Egeria	Themis	Aurora	Alauda
Hermione	Aletheia	Palma	Nemesis	Hebe
Psyche	Lachesis	Daphne	Metis	

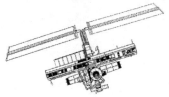

Search 45 - Moon Valleys

```
K D X L G G Z E J F V X F C T S G X S P
D H Y I R R Z B Q N W T J M R K Q C N K
T J C A P E L L A P A L I T Z S C H E I
I T T M I B Y G G H I L T Q Z M C D L M
J Y E S Z W O X K G R W I Y S L N A L R
K L D B O Z D S B E B G F Y C J S U I E
U A A R O D V H J H W V T F H A R M U G
I J A H T L C F P I B C J R R L E N S N
K Y B O H H N W G Y M H K U O X O A C I
P B N B U I R U M K N Z W E T T Q T U D
G K R F S N J A L P E S X D E O M N N O
I D X D Q G L J C I O O L F R I N M X R
K Y T I R H Q R R H E I T A I G Q D N H
Y D S A D I Y V W A A O P T Y C L H R C
V L I W N R Y X H Q Q E Z S K B K S L S
E E F L W A X S B O U V A R D U P Y T J
P O U R Z M O L C Y I S L O O V V G J F
J Q M W O I M J H E X G R P L A N C K Q
C I X P P D O O N J V B V O H N H Y T A
F H E O K V D B J Q L L J P Y N Z S W O
```

Alpes	Baade	Bohr	Bouvard	Capella
Inghirami	Palitzsch	Planck	Rheita	Schrodinger
Schroteri	Snellius			

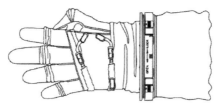

47

Search 46 - Moon Maria (Dark Regions) Latin

```
T R A N Q U I L L I T A T I S N U H E U
H E M X R K E O K J R Y B U A N R X J H
G L V A P O R U M A I R Y D U S T A S D
T A S L Z O T F P E N M C M S P D Z E U
D T S I I N G E N I I M E G T U H P R C
N N I I R B V T X A T Y G A R M B S E F
U E R H C R J D C L B T Y J A A Q W N E
B I O T U O L G I E Q L C Y L N Y G I C
I R G Y P N G B O Q G U Y T E S H H T U
U O I M R Q D N L Z Q U L X H P M S A N
M W R S O C Z A I I M B R I U M U I T D
U P F T C R N F R T T Y N C Y S R N I I
T M X C E I E M M U U O I V I O A I S T
N U E F L S C Q A P M M U O H K L G K A
R R F N L I T T E S L U R B U B U R L T
A O D D A U A N Y G J X N R Y D S A D I
Y M R W R M R Y S A N G U I S M N M K S
T U K S U L I Y B O D R T U K L I D P D
N H K L M N S S J Z T J Y I R M P J R U
G Q O B K I V W T N K X G W W F K M V X
```

Anguis   Australe   Cognitum   Crisium   Fecunditatis
Frigoris   Humorum   Imbrium   Ingenii   Insularum
Marginis   Nectaris   Nubium   Orientale   Serenitatis
Smythii   Spumans   Tranquillitatis   Undarum   Vaporum
Procellarum

Search 47 - Moon Maria (Dark Regions) English

```
G L F D N V A Q G U F Z D J D Z H S E P
T W B X Q T W C T V U S D P Z C W T B R
U C F N T A A T Q Z G O I K K M W O F V
O A C R I S I S H C W A V E S S Q R V B
H N X O F O S E R E N I T Y N Y G M A M
F O A M I N G W M S R E W O H S X S P C
J T C W Y T I D N U C E F V T D V C O S
B Q B V D P N H T N E P R E S W J E R I
Z A J T R A N Q U I L I T Y R Z R H S V
N X N Z L V E A S T E R S W B U C I S Y
P B N N H J F M O Z N K W Y T O L S D S
X D M D Q B R A T C E N H S G Z E L U P
F G O F B Z F E O B T J I X S J V A O W
V M N I O I M R P Z E O Z N I F E N L F
U S O U T H E R N G M D J P H M R D C T
O N N K W Q X O D S L C L H J V N S N N
Q H T Y M S T E K O Z Y J B M H E A M B
P L B P K I L X C W X I D T D A S N H P
M A K L C I U U L X Q K P R O F S W R K
B N F I Y O T V G P W M L H F F N R V Z
```

Serpent	Southern	Crisis	Fecundity	Cold
Moisture	Showers	Cleverness	Islands	Edge
Nectar	Clouds	Easters	Serenity	Smyth
Foaming	Tranquility	Waves	Vapors	Storms

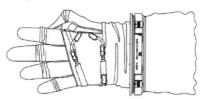

Search 48 - Places on Mars

```
A A X P V H J Q U N Q D Y N T H U S A M
B G L W Z D C Y P D G T S W N W A U R I
V D E S N I E V N Y A G K Z F D S B A V
H Q H E L L A S P L A N I T I A M T I J
M E Z B I T Z O A E O L I S A U E D R K
U C R O S F F S I R W G S A E K M R Y J
I K O P U S I S R A H T I U T O M A H S
R G H H C A T Q E H A C R S H S O D P P
E D O I A X Y I M V I I E O I H N J E I
M P X R L Q W B R S B M O N O I I D Z G
M G V U S C Q L I P A T M I P W A X H K
I A E R I A P S E L R T S A I T Q M F G
C J Z C L C J Y P E A J U U S A R O Q Z
N Y S Y O Q X C E Z Z O C I B C T A L Z
N G O Q S V K M A K M W A K M I A O K S
C S Y R T I S M A J O R L Y S C C D J R
L T T Z O K A Q J X Y U D Y V G T N L I
K S L Q N G K V E D Y X E E Q X E H T C
E C Y R X J D B V A N C Q X O I P S W A
V D N Y F W K C W M X V J Q N O Q A B E
```

SyrtisMajor HellasPlanitia LacusMoeris SolisLacus Ophir

Tharsis Memmonia Cimmerium Ausonia Zephyria

Aeolis Aethiopis Libya Aeria Arabia

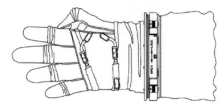

Search 49 – Satellites

```
A B F R I M L H Z O N E V Z X K E C D S
A D H Q A C B E O B K O Z X A U Q A G U
X R E O P N A N M Y R Y Y K W O B S I G
Z G Y O A U P V H Q F U G L H O N A B Z
E C S A S L O I C M Z Q B O L G S A T O
H X T U B E I S J A I N K Q X I D C O J
B X P L Z H R A T A R J V I C Y E M S O
Q Y O D U A A T G B S T Y F N U U O N C
V X N W G G K T Z F T O O J Q T F D N A
Y B D B M V N U A R W E Z S X X U T D L
R N G K L O O L B E F I I Z A F F P Q I
J O B C E T X A C S P Y C H S T T E S P
Q D O E O Z L A Q O Y H V D R L B J K S
C I O R V Y Y A E U E C O U V Q T Z X O
O E O Z K E C Q Q R H W P G O B B X P F
T S Z S U X N N Z C S M Y H U J J Z V W
L O L E K L K E F E J Z X S K N E K H M
G P X Z L M I F S S E Z Z W F S J J S E
Y A N W T T C D N A A N A P L A K O A N
C M C N C N M Q J T T P I B S P O N Q O
```

Skylab	Sputnik	Kalpana	Mir	Aqua
Aryabhata	CALIPSO	Venesat	Envisat	ADEOS
Cartosat	Resourcesat	GSAT	Poseidon	Suzaku

51

Search 50 – Satellites

```
C O B M C W E L P E D B J U C F Q G C W
I V O X N L I A K A R I Q F F I P K G H
F S A S B Z O N L S N E X P L O R E R O
F B L E B F W U G C G E F M H J F T Z M
D O T A U A U Q D Q H U H F H W A I V X
V Q H S S R S C I S Y U F B F K Q E S Z
M Z I A W N A X S G A M R A D M J U V X
C Y R T U Q N C S T G T A W P V Z R P N
S E S S J U U O K Z R N G C W K F Q T V
F U B H F C E A Z O Q Q Q I S L D D A K
J K K B I L X R W X I Y H T N H B C S F
W T Y T F U A R D W I B V Q A I R R E B
L S O A N H F W U M K M A P I X S X C E
Y G H S C D H R P C D Z X O L A W G I L
A A K N I K Y T G Z F O K L L Z P M Y L
R Q O I D I K O N O S O F A O H S U M I
R F H J G S V Q L F W N S R H K B F H Z
E J S C E B H G S U O M I H C Z K Y P R
T J I Y V S J V V Y E V X M O R E L O S
Q X Q W W R B S K N I K J E N Y Q K P H
```

Suomi	INSAT	Cloudsat	Explorer	Ohsumi
Morelos	Polar	Ikonos	Seasat	Terra
Chollian	Akari	Yohkoh	ICESat	

Search 51 – Astronauts

```
P C I I V P A V Y B J H X G Y O F C H I G T H Y B
O E Q N T J L D T S Q D L U D R A H P E H S M D S
B O W A M O C F N V A E V U R Y U U R D N S W P C
K X W C G Q B O Y C N K E B E F D A R O U S T V H
S R S E V K P F Z N W H I T S O N B R U J J T O M
C T H R W B Z A V E V M W P M G F N A M R O B E I
F R R K D O J J T N F X S T H R T M R I D E Y T T
O T L M T L X A A E K T N M C I E V A R G S U M T
M W B O R N H A X U X V R A V S X K T L I T S K X
K U B P T Z J V Q H H M K F M S F D A R N O C N W
H L J I S P E A Q E S L Y E A O R B R E S N I K C
I C H R Y M D T N X N Y N V G M I M H D M X F H O
F B O Q T U B A U B I L K X E H A Q Z S M H A D T
K O K I H Q X R Q L L L F E I A N L Z E L W N N H
H D Y N W B Z M Y U L E J U R L C N F R L Y M R F
A Y C D L E Q S I L O M H H O D M Y C A Q B N P O
T S L F P G V T A T C W Z G N R C M D X B T Y U G
K Y O E E T O R C V F L L D P I F G Y C Y N C T E
I E A Y O T L O V S O K R W V N V F I M B E H A R
S Y A Z N P A N F V Q J E M I S O N H V D A E X G
Q C R V S A F G E Z C N R N D K N K M I K U S T T
O R O E I X Y L D X Y D R O F U L B D Z T Z D G X
S T B Y S F L A C C U S D K V T Y D W L F W P H V
P D U L D A X P S S C P O G U E L G Y O Z P X E D
L G N X P W S T U K E Z V H A Y M I D M J D M A Z
```

Armstrong	Aldrin	Ride	Glenn	Conrad
Grissom	Shephard	Lovell	Pogue	Jemison
Musgrave	Schmitt	Resnik	McNair	Bluford
Collins	Chawla	Noriega	Borman	Whitson

Search 52 – Spacecraft

```
W F O C D E X E J Z E A C L E Y J P B C Z G T C H
M Y B S Y G Z W O D E L T T U H S E C A P S F R V
R E D S P E Z X N G M C U B X S G R X S N M X O J
J I Z I P X G G Y V I O K E S J O Y K P G J J V K
M F A M E M T Q M S Y E O Q B K B Z R L S U X C B
D M Y U U D R S U O M R U R J K H Z H R B F P I V
G M E X B N S Z L G G M L G X E N Z Q Z Z G T A Z
C K N W K I J K U B B A I W W M T C M I Z I Q G T
Q E J L S G X J T Y B D G J P Y J H P W O C Q G D
W M B T Z I R I Q S O R Z P H Y L X Z Z Z M J P U
D R I R F Z L K X Y B S Q I V Y I Y I Q H C T D Z
Q W C B X A N Y G I G Z U O H Z N E H S G N Z R A
O J E W G E M I N I R D I V T L F E G M P M G C W
L J D D I B T X A K H W E O Y R H B P J O H E E E
T D B Q Y D M I M O U U O D B T Z J L C M G C T Y
C D V W J X C R A R L X Q S X H P S S V Z F I C G
P A C W Y S A M X N O N O R G O B W O A X Y J T Y
N P Z V B L E T C L G U A P S E Y S M X R B U Z B
G Q G L A F T Z L A T O T Y H U T L G U Y Y B A A
E A B D P Y A O P F Q S N E H O A A C G L A P V L
R F H B M Z P I F V D C T G K F G R N A K Y Z V Y
M S E V I A X O N C B U Z V E T E T S C F T L Q K
G I P H Y W J Z X C T L O K R M T U Q D R C R Q S
H X N H K T Z F N I F G F S B H Y G U N I R J J C
R F Y T Q C K I K W S T J V O S K H O D M H Y D E
```

Soyuz	Shenzhou	ISS	Tiangong	Vostok
Mercury	Voskhod	Gemini	Apollo	SpaceShuttle
Salyut	Skylab	Almaz	Mir	

Search 1 - Planets and Moons

```
V S U N E V I W T L R T N N T B V T H R Q V J C B
N K P M S Q G M I B J D H V L J H C P Q T Y D G H
I J J D S O E L J P E Q F B U K W D T H J R Q B F
L E E X P P L U T O K Z A P R W D D T L W Y E L C
B L X L H E W G E R G Z I E K C C M K P G E O E B
O R J N A J X Y T V X T R L M Q V Z P C U S S K G
G J L S T T A G X M E A I D M U S A U W B Q C A V
E Y E Q O S T C S R P Y G F C V A L U P S Y L M A
H V O U A K E P I L R W R S R X Y H U X Z X C E D
T W U P E R F H Y X D L I U A I C A L A S B H K J
V Z X J E B O K A D C O H S C S Z H W N H U B A O
H S D S Q K Q J Y H P A I R H R B I T Y W C Q M Y
M E C I N E D L E W C J N X Y V E T Z F Q B Y R L
P H B A A F N Z H N S E Y C Y D R M B O H B C E A
P X T R N X I Z Z T P T P M Q P E D P M W E W W S
I L T P O B F J U T N F G M B L Q C M L J W Z I F
L H F T M V I H U K U J W I O Q D S T A L D P D H
K I L C C E L N G L U Q P J O O L A U S R Y M S Y
A W G X Z V E X I O D Q N R C Z W N O M U S I S Q
M A N S T R X I H J H I C T A R M R R E R N T J A
I W W C A S J K N V K U S Y J G K U A X C E A R G
H Q W O Y Z I M Q T S K P K U B J T F P P D R R J
B P A A L V I T R S E D N A D I X A Y U D E I U U
A U J P E H H N B A S Q Y K X D K S F Z B I G T W
Q H I O Q T B G F P J R V J O Q U A P D R X M N Z
```

Search 2 - Planets and Moons

```
V G H N T B M T V S F M O Y R V I I R Z D N P M Z
J A T Q O R L R Q F J E X R I G Y B B A Q H M K O
S N L S P M V W R P Q E P L L E V Q H D V Y V Z A
H Y B R P Y M Y G U H A Y R O E L C Y E P A A W J
Q M C H S A J N T T X O K E E V D I T L F R D E D
Z E R R D T W M G W O B B A I A F S O C D A Q W A
H D G O L W M H S A Z R F O C P N S R Z E L P M E
V E B Y T C Q A N U L Q Z Z S O Y V T M I E V K H
O D J C G E L F Q R F W Q M Y R V Q O T M I A Y T
S X J A O A S Y M U G Z F X A U K N E Q O G Y C I
P T B A I H T A F E V M Y O X E V U Z S S W B D S
Q C D H T P A M A L T H E A Y C A B P F M I B H Y
E A U Q E I I M B C T T J T G W L M C G V W D O L
N Q H R M S L L M S W W F H I D E U P J S N K M U
Q M Q W R A A Q V P D F G Z C S G P E Q Z I D K A
T O I R A P I P E H Z O N G F P H F O G C R G K I
V O G Q C B A K H H H T H W H G N G R N A Z W D L
A O P Z H K E C R Y M V U F W E V G J X I Y E T A
Y L B B G P R S T A A I J X U C P J D U B S B W M
Q H I N L T L N L U G R J G Q O T S I L L A C M I
O Q X I V T W K C N X D C I F Q L I B F T Z J W H
Q Y I Z L A B D E W F O U E E K N A N A H T R E D
F O O A H K K C V C O E E U V F F Y S M E Z J R X
O Q O X E Z W S T D K C Y O T S C Y Z W B W T S F
S I L H Z H D H A M G G R D Q H L T H H E L U C V
```

Search 3 - Planets and Moons

```
K P C M L P V A D S H Z W Z M P M S L E F M E X K
C Z R S F T Y K B J L U J F D X Q O L S F Z H J W
Y R O A C T A C A L L I R R H O E S D F L Z R X O
A F W P X A H R G J E W Q R T Z D X X J G S N U P
G J N C F I R Y S G Z U D K N A C V L W T Q V Q O
D Z U K V K D P O U S S E C G J S I L V A X X V H
A D P U X E E I O N G A K J W U A F E Q Y Y W W U
U U U Y I A I K K O E K O F Z Y O E I W G G S Z T
Y M M R M O X L I E F P T D R N E N S G E C M Y Z
Y G N U W M T C W L Z B X Y V W D T D E T F V M U
B E F Q E K I S H B E Z U N V D E I G R E C P A T
U P D Y G D B W I A H H R H B P H A Q W P M A E R
X W F B Z U A S L M L P K M O N Z A I F Y G G T O
Q W V U W R Q L A F E D P E E N N U R Y D E T S L
O R G C G R G O A T J H E O A G H P T P R E M A N
E Z S Q X X T M V K Q Z T N X P A E C C A H B C G
R P V P O K X E A X U J M O E U A C R W E L L O D
P D T D D Z T F Q W M E D T Q X Z Z L M Q A Y L Z
N Q F H K Z J H L D G L U U I T E D O I I D K K P
K L A P H O O N H M L U W A S Z R G K L T P B X E
Z C L U E B F D P W E I I R O E K Y L A K E P P C
P K I I V L D T F D W W A W N Z Y R H R P R E E T
M O O R J L K X V Z S F M B O H M V Z K I F S H Q
Z N Y I M G A T G A J F A B E S P T D O M E T G D
D O E P O Q J B W J S D X E D D I S N S C H L M U
```

Search 4 - Planets and Moons

```
Q F T P L P F G A Q Q E Q Q V K R A R K Y L K Y T
B N K O R E X A D A G I T L W X Z S U T E P A I I
N H A O I S C N T K T V C H Y Q P X E C Q S L A T
C B K N H O P G F W H B S I J G W G X C U P G X A
M S A Q E Y W O K P U I I E O G L N M T Q C O H N
P Q L P U E L P N D V A J Z L T H E G O M O N E L
F I E I X Q M Y G D P S V E R O H C I L L A K H T
P C M Z Q D I R D A E A K Q V P T A V R B G K B H
A E Q N R S J K F Z L K S X E H C A R I J N D V U
O U L P D M G C S E H X K N E Y C O C C Q L Q P U
U A X L M N O D T M G P E L H L R B C B H U I F T
U V J W T U W U E D D L X D I P W I E P V E O J A
V S H S Q U D Z L S L I O K F E X I U R B F R K S
J O L N E O E X C Y N R E B P M E U P O R I E B D
E J R R U A T O C O I J A J E E W X A W F M D G J
C B M Z R E Q B E O S R X L J N X C T C Z D U A G
Y C L E Y H K L D W E U L T X M K T F L J M G N Y
Z U B T D R W X O X A E N R X N C N M E A U R J J
N A A H O E O N T U J V H Y X K I C G N Y L I I A
Q O A L M R N T J R S L C T X T U C O Q T Z L A F
C S E O E I S M D G B D I L I S C O A W H J Z V U
D R S Z J N I O T J H H T D L S B J V Q H M F Z N
P N K Q C O Y L F L D T R C E U A N T H E T T W D
Q W Y O N M M S Y K P C R T L R B P X B Y G R L Q
H F C W R E T S R S G B H O M T L X D B P Y G T R
```

Search 5 - Planets and Moons

```
N E H V I Q E H C E P Q X K G C D X T Q B I M W T
A A I K I G E L E M P W S V O I I H L Z E B V C I
F N A G D U P U Y N L R D P O Q X V N N K C L I L
O C A L Y P S O A K P C A N A A O X N U T G H H U
J V R T F N H N A B T N E N A G Z S T O T W Y T T
A Z F W M P Y D K L D A R V P T P J D S Z Z P S M
L M R V O R P A C O B A Y O T P K V O P U G R X I
W G F T Y O E T R N I I H S A H I J H C E N X E M
T F H L I M R A H S C W O O P K N O A I V P A P A
M Q K M M E I T I R R V Z R U E E Q U Z Y I P J S
X L N X L T O P A T I U S K I B D Y F F C G A N H
Y Y R R J H N A P S G H E B E X F I H T V I B K I
C F N B S E P A U K L L W N N C G H T N E P F E R
W Z K S U U L L I G W W O Y C K K N N T C T M V B
Z B M T E S K I X D B E L A Z E G D X I P I H S A
I Q J D H Q E A N F X S I Q R S L M A P D D P Y N
Y G V G T A I Q Y L X Q I J B Y V A V N E R L K S
E K T F E I D W K E O E X A J L W A D A F E W R J
D B C D M G V P N E I E W K F Y B I O U Y E L H S
D K O I I K T E U W J Q C X M A B T M K S B B O M
C X J D P C L V Q Y M B D E A T S N K P H W A V O
E U Z I E E I Z Z R Z O E Y A E B N Y S V T M B H
W O E C H Q K E N Q M J Q D L Q M Z V N L X U H J
Z G F O B J M F X A C I L E D M P V L A P B E P N
U L I H S P F Q X L P P T V F T J I S W T E I H B
```

Search 6 - Planets and Moons

```
R I L W I P R S I E O V A Z I R A K A Y D K J T F
I P O F T T W H T S F X G K G C N J N R W I H R V
R C R S T G L U R U L G M H D Y H Q G C E Q K C F
A Q I E L I C B P A M N K Z D X U N K D C P G P N
F D U W H B P E P Y N L K T J Y U J I Y D V J B J
L I S I V D W R G Q B F P J E T Q D Z O N I E E W
I G H R V Z J G O B G I F A T X H I Q H A S D H J
D I P Z P I O E W E H Z X U Y Y J Q Z M T W I A X
N G R W K Z K L P L X M S I R C S I T L O F T W H
U I L Q V N B M A G C O L R C M R Q A U R E K J F
M Y M V J S F I N Y B N O U O X A C G W K M M F P
Q Z L J D L K R D U F K D Z I L L H F D N K Y W B
W R G Q R J X A C D K K Q F L N U J T Z Y Y Q H K
X I W I L U A W T I Y J F L Q C O H W L U N J A T
U M Y J T U B C N H O P A I R R E Z Q U U L V A T
Y Y I C X Z J S V P I C B Z I F X I L I N N X D S
O I H F N B P G W L C Y H V V G M M N A D P Y U S
A J E J C D F P Z N T B P X R G V I V H U T I I V
X W S I J Q I H L H A V L V T S V O R P T R O Y O
A L S F P E Y L C B V N S E L O D Y Q U X A I W Z
S S H O R K O I M N O A R X P W A P X N O M N R R
N F T G V K S I J K S R H A E T A R Q E Q N S E Y
R A F Z S R R H E T V V R X F D L S F B Q G V X V
A S N J I Z A O Z M U I N K J Z Q A R I J I S R I
J B I D A W C T U F N A C Y S B Q S L K R X A Q D
```

57

Search 7 - Planets and Moons

```
B E I B X I R X U H F P V K U A Z P V O S F A F X
Z M R J F Z O N U C K I B Y P T O X S E G O L Q U
P N R T O U K E V G Z G G I R M W R Z M G V H B G
P L P M X B V I O Y A J Z X P B U T Q Y K N O V S
E U I M A H E X F W W M I B G U T L U M A F N K U
K S F Q F F O R Q I W A P L C J I D F F E C U J Q
F O U E L M F W O C Z K Z W Q P B V D H B E D S U
U Q E O F C E Y A N J C P Q Y O G O Z I Y B C J O
C P C M Z Q B Y B E S Y N P R Y P R Z F X H O K R
A Y A Z V V M K K T G X G O Q U Z E C E Z L B Q J
Q L Z M L T M B F F Q I U Y E C T L N L A E J W Y
N E J P O O G Q T A Z P R L C A F R N A B E C B B
S I L G A G F R J O R S B W U B G S U H N I J Q A
E R E E Z C S H C L P B H L X X Y E I S E Y T B D
C A I U S X A W P F K U A X L J D O A T B T U A Q
E X R F L D X B T R R F U U V P N E V I F X V J H
U M B O F Q V N X A E G Q C T M B T K N A R D E F
D K M R R H G C S N K C R Z D I Q A B W C D G W E
Y Y U N V F Y W O Z I A D N A R I M N E X S Y Y N
L H W J T M U H N T I T A N I A F L O S H L C F R
O Y S O J E T Q X R H E H T N A U J Z G U E J U I
P U V T C E U O C H Z G L G M T N M H J F X O P R
L B M F M T U S E R O P L Z G T R E X C W N B A G
E N F O B T H O X I G S A P A L L E N E C R Q T W
F G J N V Q E J C B T K D B Z K E K D N E Z L L K
```

Search 8 - Planets and Moons

```
R V F C Q D S X G J Q A N O M E D S E D Z Y J X L
X Y L D I O P T E V D I P Y O P P F Q E F J U N N
J P E T H J P T S I G L O S Z U P E R D I T A O L
X T R Z S I X T O D I H R E C L G A W R S I N N S
M T T C H Q E X P U B L T K F D I R O R Z K Z U A
I J U N B P U O S F R B I A L O B A U I H H Q L Q
Y I C G H N C E C B G Z A B Y A L Z O K L R C U S
T S M A X Q K K E L G G C U A D I S S E R C O S V
O C N K H L E L B C N C C K B B E U B Z M E Z K H
H O A A O C I S D O O O O Y B A M G E N T E K Q N
E J Q J R N Q G N Q E J S Y H D J M J K D J H A R
B P K P D W T Y T T I O U F H C I T S G Y Y R M U
J R Q A F J A I L E H P O I V F M P F L K J R H J
K U T A R F H Q I S W J S W A L A K U T X E P L W
L N L L V L K Y Y H T D X O S O E O I C H X X F F
K N W I H I B I D I H Q G X B M O A Z K Q A O X D
P P E E E O Z J M Y P Z U F G E S X F S U R E T L
E R H C U T U N Q V F N D I F Y T U S T L O M C T
H O V O P J A W K Z K A B P I F A E W S K C R K X
M S M R K O W B L A L B I P N U G C S N C Y I W M
X P X D P A S T Q R J I D E M I Y P U M D S T X N
J E K E Q M G O Z W M L Q Z Z C L B K B B Y Q P E
U R V L B I A N C A B A O M J F S Q W U V W N S R
K O Q I F C S F X E B C R O S A L I N D D Y B B A
A W W A V E G O R S U Z I Q R A Z A A H D S K X C
```

58

Search 9 - Planets and Moons

```
K E X D M I W G S F F G S S U E T O R P W G A C N
A Z U R K F U T P M A C O P P I H N E R E I D P K
D O D C O I K V N G B C I I U X U E B X E N K Q T
R V K I R H H I V V K B X M D D Z K E U R B X Y R
P Q R M T M I V O L P A H I F A Z N A I G F M B I
S K K Y R Q O E Y K M G K Q G Q I T L N V R A F N
A C B Q R E N H B M Z V O V X K M A Z Q S A R N C
M Q C W A X J B I G N Q L Y Y W A Z N H R N G Y U
A F B E W B R G C H M S J S P A W U J J R C E W L
T C S Q E L A K I B L B W K B J A D Y L K I R Q O
H A U Y C W Z V K I N I F D E E C M M Y V S E P W
E A Q U W L Z X O M S N P W J O W Y S N S C T S C
L K E K Z O B H L U W L C R S L S H W X A O S C N
A X F U S D B J F X X H B U A K H Q D N I P A S B
I V U E Q P N L V K K F J C F J G M R O X P K E R
E X N L Q V Z T D O E B O H S V K I I T W F K C G
D I M U A S X G H E Z D U N F O Z B O I I E W M A
E A W L U H C F E D D O O O K E W S M R Q R A S L
M J N Q A W A G R W G E A R O M N B A T Q D E Z A
O W W I Y R T F K A K Z M Z N W V L G H V I S E T
A O O R P L I M P Y S X X I Y W W M H B H N D A E
L D O R K S O S Q F K I O Y L O A S S A L A H T A
Y Y L Q L C E N S I G G D O E A A L T I A N L A M
F L Y Z E L M D Q A V A K A B H H S L B I D Q N T
P O K S A N G V R U T Y M U G Q G P V R K C J T E
```

Search 10 - Planets and Moons

```
Q S G V P W G C N Z K X G Q U P M P W L Y A R F K
R J A K E R B E R O S V E F U O G V G T P R O A D
O U X K X D Q M D G P Y H C V A L W G D P B L C J
X L O J I A M O S Z Y U H G Z D O X H W M K D R I
M X V K N I I O J X Q E A R D G C A X V I L P R R
Q N G G F C K I U R U J J J Z M L J R C R C A H U
Z W V X H B H J P H C H A R O N J H P F Z L Q H Z
F X L Y C M N I X Y T S T X T B B I A N O T Z X M
M M A T C P M L W H Y D R A P Z E Y D O A J S F H
Y A K S F M G Y U M Q F I F L Y B Z K E V O M U F
E K A M B G G S E Z J G F N S N Y T K T A U R U B
O E R D T U T I C K C L F W T L A I C A L A S E O
X M M T V F E T S I R E F S N X O D W J J H T X Z
Q A W C Q O E B N R Z Y Z K H W Y V K M I G K O O
S K S I E K S E Q V J S Q X W V Q K V L S G G H F
H E C Q P V S H E F I C L V L M Y O O Q S C N A I
J R Y R K P X T G X X D P Z Q S E N E L R J S U H
D J B N A T U R O X C S K O H S M O Q D E X Q M J
V C W K D D X E P W V D W H Q Y R Q B B R K P E Q
Q W S W E D Y F F B K X Z M T C B S P P K I S A E
N D E K K J A C V N V K B A U K Y A O Q Q Q Z P C
A V W Y B P M Y U O W Q Q S C A U S V T L Z R Z K
Z B H A O T F C R P P V N N U V J U C K H S E E C
X K U Z T J U P J N T D R J D Z W K D G R B G R E
B R O T G O F Q T P M K D P A L L E A S T Z X P W
```

Search 11 - Galaxies

```
E J T F D X D X M D Z N Q X Z F O C K I W Z X O Y
B F W V O U B M B K U Q M V K X D C M K X W G H C
M F B F J E P D S L B K G Z T V K Z B Y T P O L A
C X O M L P W K Z W J W H U A E S Q Y P L L O E H
P Q X L V V G F H F X Q A Q I B I P V J W P Y E Q
P E D Y I K F B J R L Q O K B S I V I K M R R H U
G W A R E E M M X Q P W D A T B M C F N V U F W G
L P R B P D S Z M R P X B E E C B F U N D E T N R
C C T B O D E S H L R I Q J W B J Y T R G L Q I P
U W T K D A J X N Q I J T W C K G T I C W M E P G
Q P A A I S K T H V E N B K K Q E Z V N Y O N N U
S O M B R E R O C E Q A C X E R G N X T E F R R C
P E E T M V L N M B L A C K E Y E O V G M P E E U
C C M A S N H Z D N E E R L A O B D X A H C W H T
O I A D E M O R D N A E T L S Q F F I L F G O T Z
Z V G A N H W K I B G A O K H E R P E M P L L U H
X I M A R B P P D R V O M S D Z I O E H W A F O G
A W N A R U E L H G P F A F B L T G D I A P N S C
X D R O V E F F Q L I Z J L W R E Y W V X W U C U
P X L G U C B C R F A Z P P I V O E Y Z H S S B F
D I K R W X E I R B U E P P I U T X H T S S Q G F
S M V I K W H T L L L J L A R S I Y Y W H S Z V V
T K A V A W L C U A T E P Z W B Y C H Y N V B R T
F M E W X A B U S S T Y I F Q J S E S R O I N E Y
D K X S Y T Z W N T A M T R I A N G U L U M P U L
```

Search 12 - Galaxies

```
U N M H C Z G K W P V L I A F J X T K I G O I H C
M D P N Q Q X U T Y G B K X U L Z I P A Q K A D E
B O W W G I V J J G B J T U S E T D E F I S E Y N
C A P C B J A N Y O E F C O N P X U K R R J L T T
Q A S E F Z W E L T Q K Q V V B F K T H A J D A A
P R R C R T Z X Q X B H U E C S A Q R Z N B E X U
L E R T U S J Q D R P L J W R F L R A Q P T E M R
E I O S W L E I K M S L J P Q S J L N Z S O N B U
L S B L V H P U S S J K X T Y X M A A A M J O L S
O S M L R L E T S L Q Z E R M R C K Y Y R Y W A A
P E D E B P N E O A E M L I E V G O S R A D J C O
D M X C A F U N L R O Y V G U J C P M Q N M S K Q
A P V S G I I D J C L G Y P Y M F B I D V M Q E S
T E O P X H K P Q A S A N N E T N A L K V A Q Y K
V S T P Z N K W S B Q K T U Y J I M K G I P W E R
N S C Q Z K T H R R S G C D S A V L Y B A Q F Q O
Z L E A M O C N I L B Z O I J D M M W N M W M B W
J U J Z A Q K U C S H Y G W U K R Q A F B K X G E
L B B G F E E L A H W C X S F P L G Y G Z A B H R
Z B O Q C C X O X E D W H V E E O V S P H F P O I
Y P S T B U T F I Q Y P Y N A W U S Z K M E V M F
I M G G L C T L N R G P V K R O T L N J U J J S M
J B A D L M E S X Y E C O Y J N D P N G A N L C X
W N O A P S M T W A M Q G P E J V E C N U E W V V
X Y H P K H F Y V U G N B Z X N V I B X D K Y C U
```

Search 13 - Nebulae

```
V R P Z Q B I Y O R V U N F K T O S A B X I G V I
N O H R E C X Y C Q D A L M P M F E X M F B N B I
B R C J I V F M T Z D G C I S P G O I M N F L K R
B O W T I E O P K V T O P W Z J Q H K P Z U U B I
E F O R I O N C L B C X L I Q C V C O D E L J O S
I Z M D I N X D P X V L I C R R K E H F M Y V C G
K Y J H L M H B Y Q I A J A Y E A N I R A C A T E
F C Y N F E I R Y N W G B W N K E C M N V T X I L
L U P B L D G G D X Y O G S F T K R N N K X T O Z
A W O W J K T J C Q I O A B X L C W E K J N R H T
M P H R O L I G I L J N C O A L S A C K C U Z Z X
I H V I T O S V O R I Y E P G P F X H J O J V N Q
N K O A M C D J H C T N W B J F W M A E V U M W E
G E W B E Q J C L G N N G H O F J D Z U Q X C S D
S N L U N J H L T O B J J G D I W A B D G M V B P
T K R B X E H A E Z N R U T A S U A U K N M L Z J
A H U B T V I T U R H J W C Q S X O B H B F P A T
R D I L Z A N R Y S E N X O Z G N N B V S C K L B
N U X E M C G B C O L H A H V X L A F Q V M R B F
C C R O Z X U Z V C I K F E Y E M V R Y S F O E R
C G I Q J D S S M I X N Y W R T B Q W I V K H Q T
X B N F A P L L E B M U D E L T T I L W A Q C W B
Y O G P Y N W B T I C X V B E V N A N K D M J D V
O A P B G O B A B T H W U K U R T B J W R V E G R
A R T Q K P R X Q M T F Q Y V B N Y E W O G E D J
```

Search 14 - Nebulae

```
N C U L Y J S K L Y A N L C H D H K P R Z Y V Y L
D P L E I V O D Y K I Q U E I F A N G C O G Z V R
S B G N E Q R W S H I L M T L V E P Y X E C Q C W
K R H V O N D T B X O H J S Q X N T T S U Q G S C
M J O C H R P L X I F B M W Y F C W A L L Q O H I
M Z S F B C T M J J H I I P S I I J R S Q B T J V
I C T M W H G H A W G Q L P O U Z F A O O Y M H X
N D O V B I U Q A M U I I E U G X H N E H X E L U
B L F Y Q E E B W M I P E W L D V P T X W K I P X
V H J H L Y D D B V E U V G C J X L U N E E V P P
T P U L S S T R H L S R E K C X I I L E V Y H S F
R Q P H E M O D R N E U I Z Q X A T A W F M Z H X
K R I C A T S E Y E G S J C O Q Z U Q T R W Z H V
R M T G Q H T B C H F Y G T A R E C B V R T H O C
I K E O N I O E U R K T H S W E S K I M O H R E M
B B R U A I Y T S G E J J S U W L Y D N K F N T F
N K G W F K K M S O R S W B H P U R A F N W J V X
U Y A A R W E N V Z R B C S T G R H S N U P T Y C
C U C H X C R G I J A G L E T R S K H Q N B L J S
X I J M E P Y S H L J Y F E N F V E Y H Z U K R C
P K W B N O O C O C B A I L K T X Q H L B H J K O
V T I Q R Y E N U T S R U B T H G I E U E W C A B
N J M J L J C Q Y P E D E P F P W M U J E Y I K Y
B N Q N B I I L L I V H J C K E I T I S W S W T S
Y C Z C C W F V Z S J X H I D U F Y F H P R D L H
```

61

Search 15 - Constellations

```
L F U P U D E L P H I N U S I G Z Q H L W V N F C
Y E K C R D R E E Z U N R T O C R G R K U W K O O
L R C Q B I W O K T P N S P T Z D I M L C Y L H N
Y N F Q D I E M P I O E A R V Q I A P J K P R Z Z
Z B P E G A S U S R A S M R M T W E O D Q I Y X K
F J N U X D T X M O Y I A A R F C S B I V S G L E
Y N L R S H R A C Z C Z J K I U V U W T W C X D F
M Q W R V R A Z M Q U C O D L N S I H I R I Z I J
G N S H V Y R S V R A S R A Y P N R C A Y S L N I
R Q O G V K I T O N I D V I C L X A L K A A Z Q K
W D U L A A C B C V A Z T R T A X T W G G U Y E N
B F G X E K Q E F R L B G A I X R T Q Q T S S Z W
B L A S Q A R A Y M M B Y B U A X I R P O T V I A
W N B T H U M L D K A O A U B R B G N J P R M B D
P Z C Y K C L A N T K Y X I P F U A C A A I H D V
H Y Q S S N G A H X X I M O B X J S C R V N P K J
G L D R X M V D Z C B G L M A N Q I I A B U R M P
C U D O Y V W E S Y P K Y J R J D F W U S S S P F
V O H N C X F M X H M J N J A H O Z U X F F D A A
O W Y I T A D O B N P A C N R V A I O Y B N K G R
E T D M D N N R T S F I L T C O J N A P T Q J T D
C N R O B R X D Q F Q A D S T G S T G G X E W Z W
T T A E U O H N F C H F V N V C I D S X F W F S K
W B J L E F X A V Q T M G H M F Q B Z J G K Y L E
Y H T O D S I L A E R O B H J I U X O M G A N K R
```

Search 16 - Constellations

```
S Y T L E P U S L S O Z W O Y H W C S Q H E O E S
E G K C Y G E M I N I W M U Q B N R M F G X H K J
S H M S V W B T A E H V X P O Y T S R V U W J F H
T W J Q P Y X F Z K H I E R Z K F G I G C R S M G
C X M H X N Z S T F D W E M S I P P U P E U P K N
F T A I E P O I S S A C T H P O T D E Y E T F Y S
P O S X J C A N E S V E N A T I C I J S U E O D F
M F D U V Z N E O M C Q D F Q I Y I R Y E L Y A A
I N Q A I B O C T A N S K Z I X W E W Z B E D S N
R P F C R P Y E Z R X O W D T D P N O U X S W W B
P P W Q I O R A M R F J Z P S B P P R K B C W Y T
C Y K H Y R D O N R H S H D C D F S F A M O B V Q
V X A E E S C W C P O U C Y X O A R A Q W P X O Q
X D I E P M O I B S U V I P D M I U B U S I V O W
J D L A O L A A N V L R X W I R K P K X Q U A A Y
N D T R F R V J H U Y O E N A V U W L C E M U T D
Y O N W V V L V K M S C O B N C A S K S P Z F K G
B U A B G U O V U B B R A I F X P R L A V P J G B
F O D C D J U X N B X Z D W V O C P D T S Z V F Z
B J U I A Z A D D H O O X O W E K F V C C N V R T
C J J V F L K V B Y Q L R K T I I U X E I E E E Z
V E S N P C R K I V T K C Q V H Z R S E I R A M Q
Z K Y G E P N D U G N J P W V Y X B D C I Q T Q P
E E C O G J F R J E H H T A C X M W X I F S Q M D
S M B T J P N V V F V N B G O N R W K P L L S E Q
```

Search 17 - Constellations

```
H H E E G C N R E E U K S G W G E C B T N W E I O
L Q C H S H U M S V C H O K X Q V R L Q B A C Y G
L M C V G T D X B D P I C T O R E V Y G Y L C A O
B X C Y H R C B E P S B M R U N C C O A E A I B P
W N M W D T T V X F F E Q A V Q R E D M I C B S U
X A E Y L P L U I A H W W O T O A N L H Z E O M O
C A J C J L P U K H J Y A Z M M W T N L R R G P E
K Z T H Q Y E K A J M A S D H E N A B X C T R I P
N C S E H T L G L T A H L S U E L U U Q E A I R X
T W S Y F G I U V R C N L I N C N R B S U U V E D
W R H K O R P R F I E W J I M S W U D L S U C T U
V M R C U U E L R A W F H Q M N J S W V E S D H A
U U W A S D H S H N P S B A E T R A N X L I R B B
J E R P R I E Q S G W P E Q D Z I V B J U E O K H
M K I J J A C N X U B G F R Q F M K B R C D J H S
O Z K U V P P M M L M J L U V R W R T M R G A S D
X J K M B Z L U E U U G U I F E C W K U E M M C X
J N Y O H O N L S M L Y C Y W T M O V F H Y S U Q
U O U N U F Z E D U U M L F F A F M L Z L D I T V
A I L O S P V E L Z C Z U U I R T W I U C J N U E
L R D C H J U N D W I C Y O V C V E B I M B A M K
V O P E M G B E D L T T S P H L A D A E K B C D V
S H U R M V S J J U E K R F R W J L R V H V A U W
J V S O B L Q C V W R C P V Z X P O E D G P R Q V
M D Q S L D P N H K K W T G Y M A G M V X N X J B
```

Search 18 - Constellations

```
G E K I E Y G J Y B V T M A Y T C V T B F Q C C P
S B T A Y T W Y Q Y A V B H S I Y H P W U D E B I
M Q O O N C A N I S M A J O R D R D B G O C A N D
P H G Y T B P H O A X T E T K E L Y R V D B Z W J
U E M G P Z Z F W I M Z Z J E N A F A A F A U C M
Z M W H F B O V N G A M W H O R V P X A C W X F S
B J E F C R D E B Q M O W Z K C I M R E C X T R G
H P F X N I O S R W D J A S N Z K D D P R P U M Y
A A Q A Z H O H Z B X Q M X L N D R A E K Q C D W
D H X N P L H T Q X F T R V E O L P B N I E A Z O
D M V W A F R A A G F X O F A N A G V P U L N D C
C C H X W L J H T V P G N U N R N B O A E S A H Y
V O Z C L U D X N I S R R R O Q X L V S I D X B W
F L I V G Z N N T E B U S S U H H P T O N N Z M I
A A H V S X R M G Y L S G P N K N G S A S A M B F
B L T I I B S L A U V S W Z K H Z W O N C U L X J
O E M R P B O T O F U N T G B N A L N R A G T O U
O V E O P J X K G E X D D W U V Y H U J X T P E V
K M T F U A N K H C K P S U F K X S X U T X H C
Y Q S H P E M P J N F L M F S P E R H U K A R E B
L T H Q U Z E D M S G I Y M X R S U I R A U Q A S
S I B I V C N W Q R X B A S T G X L C O C A R D J
O C Y G N U S Y T F E R G Q D A B K G S E T O O B
Z V Z E I U O G R H O A I J I S B D E Y W P O T L
M Y W M E S B M U P D K H R M O J L E G Z D E G I
```

Search 19 - Astronauts

```
K Y G V Z Q C Q B P I S E U K T T D N A T U W M G
F R P G M I Q Q T X M T Q Q S C R J L H N T E L N
H S S U G N R Q F S G S N F U D P Z A I D J P T N
R I O V M P S J Q F L X C N S Q O R A D N O B H H
S L G C W B U V A K H E N T O P A L K C X W R I M
C L T J H P P I L D P I M J H U N D M T G F J R Y
P O L N G O F J Q F N E T G F X S T S O U S Z S T
Z K L O V P A Q K G A M V P Z V A Z I R R M H K Y
X V X M Y M C Z H N M X B E S Q R Y R H E G C N F
L X M I O R J A D X X J E M F B I E K G K E A R M
X W C G E Q M E R R C Z A U R F R V S Y L A K N K
R T R J K B R G Z D R I A E X B O W P L A K L B A
L R O J K S H Z T U Z D D B S R R T P A W X D Q W
T H F E H G Y D F V K I W D L K Z A I T C C G Q O
A A X C T F H E Y E L Y V P G G P E V M P B I R N
M J H N N M Z H B A B S F A B X E K V O A P L E A
E I D E C Z Y C R H Q G Z L J Z Y N J D Z H E P T
M S Z R J R G R S O S Z R O O Q Z K N L R U C O R
Y F N W C A I A I M W J P O E R H G S I G Y S O H
F A T A K H L T N P F R H H D A F X U X W B G C L
B W N L C J M K J H M W J N M Q P J Q L N E M I D
E W R S T M A T C T Z L E E W I L L I A M S D C S
D U A E D G A C O Q X F I K E B B L Z X I Y N L V
B P G V R H I V F E G H E Z H A D F I E L D A T P
U V B D W P I D X K U B X Q B N D N V V S S V L G
```

Search 20 - Astronauts

```
C G Q D T H N Q S I R P N H O O J O L S E N X X E
N T I F V N D L R T P M F B O H T Q P B C S C N R
Z J D B P F M R P O O Q U F W T U H T K S V Q E J
F L Y Y S H D G S I D K I D B D J H N J W A I O S
A V V N D O M J P G B V Q Q D X I Z A H S S E Y A
M Q P E E L N F A I C E I N N Q P E G R M K G X B
L M E L O X B C I M U E U Y E S Y I M A G N U S P
U Z R S G Z M B W A R N L U G T H K N Q G Z I N V
A S R O Q L O U L H B C B S Z D E H N N I C M P F
M X I N B V S L W H E H S B P S H F B N M Q V A N
P M N Q R W K I I S A K R F M P H G R E W I E N X
B J N T F R D N B Q M H M B Y C R J P U N H X T Z
Z I I N L X O V O O L T B F J A T N A M W E N E W
H I W S Q D D B S S W J D J E R N I G A N J W A Q
C V R O I Y Q G W X N S Q B O V D P N P O X H N Q
T F I U J E Z L A F Y I H M I D R M F V A E T D N
W X G U K J S P N U X V B A X K O V K R C T D E E
C N H X G M T Q G O K T D O R S F M R D G I U R I
P M U Y E T Y I R S K C R J R M F S N Y C Y W S C
H N S C H W E I C K A R T T Q U A B E U H Q U O I
J K L E G C Z U K R M G O U A W T J L S D D M N W
Y R F R I C K P A Y E T T E W P S D U H Z A Y Q J
L R B N N M J Q V F V C O P M I C N U Q T J B F I
G K V E X Q R A S Y C T H A O R C U Y E X B E O B
R F B V O Y I H A H U Y B Y O A H I L H H F W A D
```

Search 21 - Cosmonauts

```
Q Q X L P F H K P W U D N Q D E D R X L O B T X I
K N U V O A W J R E Q D T T Y O T E J F Q A R X S
V D R O U Q W K J S B V I S R R O V H G C V B P Z
P L G P X S J O H I R E W N F F O H A X C O W M W
C G P L W H M N W F K Y H V O H T K I Y X K D Q W
O J L K N M X Y C N B A S B U J N S W U G H B S S
T W J B V A P O U W S L S N J O W Y T F R S F N V
J V Q E X E L Z W A U O G Y Q Z W W I K B E K T M
X J Q F L I P E V G A K A C A B O V T B C R O R V
D A X S A C L I L E E I G Q H K N J O O Q E M L D
M G H N O D T J W E R N A H G S E J V V R T A O N
H Z Y B N S C C P G W G R U J B J E V A E U R N S
L Z T O K A K L A D A P I T V O U Y O Y F R O C C
E Y J A G A P U D Q W G N G N B E J R N R W V H O
G R Y W R Q B I X I T T N V T Z A R U I Z U K A G
O A Z B O X J F V E D V V T O C X F H P T U V K X
M C W Y F J P N O H V O O O J T I Z Z C A N O O T
I K F K P C B X N H G O K F A L S A E K H U B V R
U A V O V D U X O V D C A X S N Z I D Z K A E H M
S L B V E D D F E R A W Y T K W I R T W A L E O H
B E E S D A A P L O V R L J I C J Q J K A J E R F
I R B K Z B R A O R W D O L I K J H Q K O T A P I
C I W Y P O I Q P M G V P S X Z H T I U Q E Z H G
A D W D R W N D C Y I U A P Y F U R U J Q W F S Q
C H L U Y Y I F X B L R K X H J K V O P O P I W O
```

Search 22 - Meteor Showers

```
H A W O P T T C E F N O C Y O K V X G Q Q H F A Z
H R Y B G L U B L R I Y B Z A K Z D Y J R I H C Y
C H B B R F R C R P E R R B B P Z P G E T Q E I J
R K U T P V M J M U O V S S Y A C A R M J O L D B
J H B Q Q E H N S F R X K I U S A B G G D V Q F B
Y Z C P O O D E D S I Z D N B L J B L J V Q U J M
S I Z V O T E C I D O Y N C U E U V V L C D P O S
H H Z H F A D W P I N C C L V O N P D E W O H Y F
S I F E A U C F P T I O F L N N E A L B D R O P F
R H P G T S R K U O D M Z L U I B T T A Y Q E I M
L U Y B U V D M P R S A K H S D O P N X D O N O F
S F R T M J L F I E R E X C D S O M X H W F I J Z
D C Q N L B Q S P C P B R R I U T N C E I R C Z R
I M U S P A Y H E O Z E M H N T I J R S B A I D M
R M A P V T N C H N S R O T I H D H V V T S D T O
D Z D B I H S G E O A E C M M L S R H U S N S V H
Y T R R A C D Z N M X N F W E J V P E R S E I D S
H V A U Q I I S Z M P C Q W G O E G T R C B Q K L
A E N R Z W G C S W L I Q N J D Z L I V M X D L I
M F T Y P L I R M Y V D L U E O P O A G P T L I D
G T I H X O R Z X D K S T R S S R Q U B A Z Q C P
I W D R K T U B F Q U E M S M L W R K L B C R O Q
S O S Q M L A V X T H Y V I V K U Q C S D I R Y L
Z D N D R A C O N I D S W D O A I G Q E P P B X H
L N G H S Y T M M M O T F S R D M V X M C L N E V
```

Search 23 - Probes

```
Q D D T T Z R U C U R I O S I T Y R O V E R O J N
J R M D U G L Z G A X E Z T Q V T R O P C U D Z H
P O E H F X A W M Z S P A I M S N Y P X J Y Y R Q
O N H T H N G D O A N U Z G G G A C A B O J S F D
C R H C E X G Q M F C B B M K G U R O O E Z S A N
B Z G V L P E M M V K X K A E S T S R F E G E Y A
L X A M J W G L Z B S E E R Y E I W Y O B M Y K A
Y M D G Y F J V B Y S P P M M A P X G Q R Z B Z Y
Q J B Z J Q M X E X G V R I T I H A X X E G T G L
K R M T G U C H Q P D C S M S H A H L O U N R C A
A C V J H Z A K A T S U K I R W G H K D R V P P G
S Q Z M W M R I P E V O R S R V Z I T O J K A Z N
E N W A D P P G K B N L J F N K N P S L G R G K A
B D D N Y Z S R B H T Z P N Y A J B Y N K Z S E M
H F V S C G S Q T X W S S E R P X E P E I T X T V
K B K F G D P D X E G W G B H E W D R I Y R L M I
J P B R E O Q V I J G I O T T O G S B E S O N M R
Z I V U F O M X C X R X B O G Z O B Z M I L W X P
V O I U K P F K E W C G D N I L Y G P K S V N B B
I N F F H R O B P H Q E P L A M H B Y O E J R M S
Y E S F K Z C B Y Q A F D R L L Z Y O M N P O K L
N E N R B F Y I Z I B N Y L D G T N J F E M R Y W
F R J G S S N O Z I R O H W E N U M B E G A V V W
I W C R D Z S I I M Y E L Q C J W B X L U E V N U
V S H Y K Q N E T P B J H A Y W N O I P L X V L S
```

Search 24 - Telescopes

```
C C T K Z I M C P Q G D V O U L S V N V L Y E J W
T M M T A O B J T Z A A G X Y S M X S V Z X B Q L
A M K N M I Z H G B Q R E Y V A F T K K M D N E M
Z K U N N T C X J V K Z G F R Q V T I Q T Q X C M
P P K E T O K G Z E K B A Q G P H M S I B D J L H
A S K D S M O N P D F D T R T K O U B A J S M U U
W S A B E E R L H X V P A Z P T N A B M V T L F H
H M T S J J E Y D T Z X H J I W X U T B F L P M U
K T Z R T R Q K L X C U B H X I B Q F M L Y A Z R
Y Q W D O R P A T V T P A B S F L E I R A E W P U
S X F S A N O O N O X F Y D O H V Z U V U A C W L
M X O B U H H S B E R V R L C A M M H T G A J M L
H S Y P B C P B A W J O A K R I O D E I V S M F H
Z Z Q O E A Q J T T G S C O A A Z G L I C I R V F
L Y U E B P W P U C E Y W R P G U E H A M K E V J
Y W A N O Q U D O E S Q A Q P K R E V P C H D Y D
J U U S E A O F K G M V W Z I J U J X Q V I F J V
J S R S P F I E H A J B U T H G F A B V Q S T K V
V I L M G R T I W Z T N A W C R P R U P Q A B K X
E S T T L A O A X Z V H B S N V S W X M R K R W A
J B H R N Z U T W O M J R A Z Y O I Y F G I I Z P
P B J A I E U F O J N V U Y X I N Q K W B L T V U
Q G R Y W M U V J N A X V W O I V E Q C J W E E F
D G M P N E Q O U B W F B S D C B F E W V G W L F
N W L K K A C I J G Q O M N W R J E I N U B X X V
```

Search 25 - Unmanned Spacecraft

```
D H O A Y B V U C J T S C I H Z X R X Q I I F C T
A A Y R E D N I F H T A P G W Y E R T Q K Q J O N
E D L X J F M H V W U L H Y P Y N C U D C D S F N
O Z J T R D J A Q M P A M D K F M B K M V X F Q S
J Z Z E Z F T S R E I T N O R F W E N Q C D I R H
H R G V N N U W X J R W O K Q U A B S R W A A X N
H N X D N B L L M F T V X R L B P W P G W M E D Q
A I J T S T V E Z Q C I H D S J T P Q A R X Z H F
U W S R A M O X E E N E K U K J Z R S U B M I N A
J L O O M T L O S H L G B H U X J O N O R W D U D
E B A A V K D B F I X I Q H W Q H S H R E I E F I
K Z F K M F L Z O G F L P P F F J P G T R P I H J
W S W E D U P S W U K J S D D B M E S U O S M A T
H U B L U N O K H O D V B X H U I C I O L W V P B
X A M C J D M V W Q G E C R Q E T T V O P K U G K
C S K Z M M X K I H U A G G Y P Q O N B X R U L M
I A S Q R J O B S A N O S G I O I R S H E E P Q Z
Y R P R C O S H W Y V E O M B J P E B J K S E O Q
H M A R I N E R O O J Z P S L D N F L A G S H I P
N M O T U C Z N K L U I K O A T J P S G T K F H R
Q I K F R G D C I S B D P D I N Y K W K L J V O V
L M H B R A V I K T I K L N D H O U S L P W G X L
U F R G Q A A S Q J C F E G X U O G L U J Y B P E
N L M R N J F I Y R E L O S I G G X E O B X W M K
A L I Q X Q W C E B M K C O Z X J B R Z W N K R D
```

Search 26 - Unmanned Spacecraft

```
J T F F U J N E B C T G P Y R C S C S O L Z V G R
T T W N B C N Q P G W D J A U P P E D I R W H A Z
G A G E V G L F B M O V U S M X U U Q Q A C M E Q
T C K C W V M T K A O O O O D Y T E C C D A Z I U
N E S D Z O N D E Y K N R R M B N N E Z G R P V O
O M B H X Y Q D A U A K I I Z K I V D E F U A Z J
G Y S M W W O G S V C O F T A X K B L V F N G D Y
X P Q I L K E U T O B M K J V H B L Q X G G J P O
J P T K I R B Z Q T I K M Y W J A W Y U V R V R J
A O P T V T E L A H C S Y O P N R U A O G D O I J
L P J Y P Y H S P T E R Q S M A Y R K N M Y O M X
O X Z P L X Z D T S P O X K O W D D T W E A R Q S
U I T J F I J K S E R P H L T O N T O V J O K S H
E T H Y E P O Y C Z P G Q D E Q I L R Y C B Z Q Q
T Q U D U H L J L Z R B B Y I D N U F K V B X G S
T S J B D U N H A E S D W G C G S Y E C W D T G T
E C T V V A Y S E G D I E U W I R E Q K P W K F Z
K F E V T S V N E F Q Z C F K C G N I K I V W Q Q
G E I O I U O D X H B V Z E D B E O S K W H E K Y
W M G H R I C R M T G Z O S T P P H O B O S R V W
Z Y F I P Z X A G W Y C R A R E N E V V Z N K J Z
F K C V U K R N W L N K T D H O L Y B T A V J N H
K I E J H O I G E L P W K B U R R W J B I C B O E
H Z Z T S E E E X S G K D C M P F I Q M I W X I C
J P I S N K O R X D S P R Y L C X X P R B Q D O S
```

Search 27 - Stars

```
K H X W X I W P K W F L K D C R H B J N Q E B C Y
O D C U Q O Y P S B Z R Z M S L E Q J U S O A J G
X A P F V A B N F W K D K R M V X G A K D L W V E
B P V B P X T H G O C Y P D H Y V E G F S I W Y E
M H S T W I U U Z B O K L T A A A K X C X I P G B
C L L A R K X E A B L T G E T U A H L A M R O F S
F U V H D S O O X K R N Z K M F W B W X V X N F A
D P O L L U X K X W E S W P Q S M L Q S L Y I B C
H V S K J D X G Q V R N U P G N D I D Y Q M K E H
S T B D N G R F Q E T G C R M Z D N E X D B N T E
A I N D W E H V W N W O W B U T Y B Z V X Q B E R
Y L K U E U B K Q J B I C G M T A U H W R X J L N
D M G T S N C U B H E J B K L P C Q Q O M V I G A
X Q N O A G E X I E M A Z F Y Z N R P I T F B E R
U R Y G L W B B L E G I R P L J D G A S K D H U X
S A O I R U A T N E C A M I X O R P U S E K P S R
E W G K C D C G O M J J A R Z O M I I G R N T E Y
R N P A Y A Y T F P Q K B L V C R H W U V F F B J
A W Y O A L D E B A R A N R T I O B I M R K S K P
T J L Q X P B P J F B M V G S D M C T L A G E V E
N H H G O V S Y T K M F T O Q I W E I Z P U F R F
A V J G L Z V L B X T J L G N D H V G M A U W E Q
D U Z B G V B O G H B F C H Y F D Q O A S Y I P H
Z Y T A I E Y D C A N O P U S F N S G K L V A B M
L Y V Y B F O H M W V R I B U O A V O J H M B W N
```

Search 28 - Stars

```
L H R M R P Y Z O O T Z T C D V P L A G Z H S D P
Z K T H Z T S W J U C C N S K Z M Z V J R T S F B
E A F P B I I I X Y X I G D U E S H U G Z A Q F X
N R R V I B T R B K B Z P Q O N J T L A T U A A N
E H H T Y K O F B Z C F I Q V R C W D C P C T X X
K F F F X S O E W B Y X S R R W L O P M K E W P R
S H O P D H B L R K P R I T J F L I Z B V T I A O
H D C H A E A K B Y I S U H Q Y J R D U P I U Y S
D F Q Y E H D L V B C H R S P M D U K K Y U T J S
X T N B G J B Y U S J I G R C S Q A O Z Y D W Q X
G Q G O J R M A F T I D A T N I X T U K K L H Z W
P F U F Y I A A E W A A H U J N I A F O R Y M B R
M V D E Y P L X L F O A P I L O R T A U H E O M V
U Y E M Z T P C N I P N L E E C T E L J L Z O K K
S Z X Q L Y H A X K N O A T M A A B P Y X H G D Y
F O Z M D W A L O Y J L I D M R L Q H I P J L B C
P O W Y P I C L L E C Z A V U D L Z A T I N X U D
W B G I Z S R E Q C Y G N U S A E Y C U Z Z K I E
M E B G E R U P T L F O L C H M B O E C T B B N A
L R Q P Y T C A Q C S T L N U G O L N S Z F C A L
F N B B X L I C I D A F E D B I U A T A Z T E R N
L A S E I Q S I B E T B I U W S Q I A T K Z X K I
Z R Q J V B J A W V G R X F S V D J U L O R H A T
O D F K W X B Q R E X P E B H R F O R E M S P O A
L S V P Z P U R V P A Y O E T S K H I D A U S X K
```

Search 29 - Comets

```
Q H C E H Q A G M N F W I J H B L Y V N W S Q N R
N I L F J P T M H V I L Q N I M N S A R O P R A O
I M E Y K K T J Q N Q L C Z L X R U E E N J K U E
L W F I S Z Y Y L Y H U Q N Q A O C Q O S G C N Q
U E K W Z Z S T O I Z J E J N E N A T R I W G C G
A S F H O U M W G O S K J E L L E R U P S E U S S
F T X K F K N L I G Y Q W E D Y Y D Z P H E B C N
Y A M E P M H L D F F U J E L P Z N K O O C U Q O
P R I P Q U Y A F E T N K A I E Z C O F E C Y I S
T E M P E L D O S C B T R F W P M V Z Z M H H J I
Z W X W M F P E I Y J J U D L X X E W R A A L M T
W N S L D C E V U D I F V T U D X E U X K L G P X
W A O O A S A U O Z W I O Y T A I K P P E L Y Y N
H F F L Z D E Y P O S H C T P L U Q S A R E V K X
R S W V C V J K I I T V R E Y V E T Y T L Y C M R
G B J Z J X Q H A C D W J L Z O N C N Q E S N D X
F Q R A A E H I K T A O L Y C W G D Q F V Y X N H
F B X G L A O H L Y U E K H C A T J Y B Y R V X K
T W G P Z C R W F K R K Z V I I I K E S A Y E K I
S V T N E Y A A M R D M A M N T A V U G W Z W E T
M B V Z R N O C O E Z Z K Y K E T U O H O K R J Z
I Q N J T H C B X K D I W T H N E A H O X Y R W O
J M I R E W W K J A B V A A P P O B E L A H C Y K
J O M E R E M T E G D F N W Z X C K F M U P Y P V
U R S G U Z P H U I G J D N T V N F O L T U X Y A
```

Search 30 - Comets

```
P Z H J D E E Z A T O X K T Q Q G N X S C E F Y U
U W V F S R A E N I L I G T O Y Y P P P T M W Z U
M D K I S S Y S O V H Y E L T R A H X R B R X N O
P A I U R E T H H P B I I S D M B N L M J K C V L
P I A A D M T O T E R M A R I U E K S J K W E I P
Q F Q I F L E N E S D M P A U S D V X V O P H P D
O S J X G O M U M M X O E S R P R E G X P W U A R
G L Y K H H P J K K U R M O I B J F V D A Y F B D
F C M C W B E S R K Y J R G F N M D Z S Y Y H G P
R J N A F L L S Q R I B E L E N I N G R D E U X Z
G V H E B A T J X R N V Z A S Y S J M N N W S K K
K N U S A N U H X C T S W A Z C F C V B A N R P C
X V H A V P T Q W L P C P C C Y N K W J L F J P M
T I W R I A T J B G Q K F T B E V G I B O S J Q R
F W A S R I L L G C E U Y D X F N P F E R T J B P
B O O Z X N E H V L B P Z Q S G H R J W D S L D R
V T S B P T S X Y O Y N F Y N O Z Y Z L N E T J D
K J N Z W A D N Q D W O B P A C U P E O E R N I H
Z I X O L O L N T L E X E L L S B B O V R R S D J
B W H E P F N V L R O L J W P U M F D E A A B I B
F W I A W F W D N Y D V H F U Y C Y I J A D S G F
C B C H I R O N W X T G B V E D K D S O A H G F T
Q O B N A J V D J J U J T V Y S J K X Y V F J L I
D T U K C M S C Q K U N Z N W G N R R I C M Z F L
M B Y W C J P L J Q H S V B D C L M H Z J N T P M
```

Search 31 - Astronomers

```
I N Q P I B X B Z Z U H P Q K H J O M E L B B U H
X R O C A S S I N I L E A V I T T N S Q V S D G A
H P D T A C E U C J U I O E I N S T E I N Z R Y Z
A B X A S Q L R Z D S G L R K S O A G P D B E X O
R X I D I Z X A A I C E F T D E A O T Y X L E H P
T B P J J P E E V T T O V Z L E N G V K P X J H H
M L E H C S R E H K O F Y I F P R S A A X Z T H I
A D X Z C F X D X E E S L B J Z P M H N Z M G N P
N S Z Z K F V P U P S A T P R X F S N E T B O P V
N Q O T O Q M L Q L G I S H N G F I N E G Q U A B
J I T P Y E O X D E M U X Z E J J F Y K W N B T U
Z S D D R D D X E R C Y D U J N F J Z R X T A H H
Z D N M O D Q A F I G M L B T V E H Q N O W O Z L
B X R K E Y T K N I N A I N U X A S G G I I Z N G
Q O G L J U Y R M R I H D J I G D B N P A O X T N
I N B O U H E S F K K P S D I Q H Y K V X E O B Q
B I E P B P Q B K V W X S L S U Z H V X Q G R E D
G N E F O A E Z Y M A B O Y Y G A R T O N A B T D
L G E C I N U Q Z E H I G G V I U K M Z H C U R M
W X I V Z I Q L O S H W E L S Q Y C O E X S L W C
R U V X A L U C Z S O N N H A L L E Y D A T V W V
H O E B S U D R G I S G D A Z O A W N S R Q E L Z
T W Y K E C C Y M E L O T P X K Y Y D I H A B W P
M P R Z F P V G H R E G M J G D B Q U E W I K B N
R X X G T Z Z N Y E F W Z N S Z Y V W Z W H M E Z
```

Search 32 - Countries with a Citizen in Space

```
M N V K B C R M O O O H M Y Z O B N D E S Q S O V
E H N N F S W E D E N F E E T U C Y A X T L R I S
A Q P A O T J L C M V J A P A N L E P C O Q Q A I
U G J D Q E R Y P K I Q R F Z H U N G A R Y L B W
Y J H A O A W B U X E C N A R F C W Y S A J I M D
R P G N W U Y Z L N V G M M Q E E J K Q P L W K S
K R A A N S X E M N H C E O X H A S Z T H I R A X
I L P C X T A E P K M L T R R B L V A A T Z J R G
S N F A H R C R C A C S W Q Q F P H I V Z A Q Q O
B E D P S I R C M E X I C O V L D V K C A R A S B
Q W W I I A U W J I O V E M W U G W A X K B L H L
Z M A L A Y S I A N I Y O H A G W D V P Y W O W K
E H G A Q Q A V Q U L R R E O I E L O D Q O V A U
D U N J T B B B G B U X A E Y N R I L L K J K J X
H G T M X A Z H U Q N U W N M X L Y S E C U F O Y
V L A I N A M O R C Q V M A J I Z O S O T V X Q I
W U Y L A T I Z U Z E R R V G R E E U H Y B Z O W
K G H B X V Y H Z L S K M X W B K C Z R F N H R F
X T Y W H A Q U E K G F C Q O E N I A R K U N K X
A J O D T L D Z V M U I G L E B G G O R X T T T B
R P M U P W V Y Q C K A Z A K H S T A N Y J V J X
J R R I Z J F C I H W V D L H D L G Y T R R K N B
Q U X I X T G A E R O K H T U O S C H I N A N D Q
N B I M A C I R F A H T U O S W I T Z E R L A N D
I V R E D V W X O Q A G O S G U F H N E U X F G G
```

Search 33 - Fictional Spaceships

```
X K W C G B K L M P E L H Q D A M L L G O M V L N
X R Q H Y E D F J V R S H M M F P N I P S H D K G
D V P O X R M C R V B M U I S Y L E T S V U M S R
K X H Y P E R I O N G E U U G F O A U R Y K P E E
H R O M B K A G A L A C T I C A R R H I Y K G R T
F D Z I W Y M X P E B J T B S D A X X U Y V M E Q
H D T S P W J B Y H B I D P I C H Q A S X K S N X
A R O T P E C R E T N I E S I H I F M I J N N I H
W F X E N T E R P R I S E W E W F R N I A O F T K
G X S A B G G D E K W K S A J C B E V N C I W Y L
R M B Y K A B M O A B U R Z H V O D R L K I S V Q
C Z H G N Z A N S X G T L I Z H G E A W E A D G E
J C E G G K S U Y D O L S I P S T F X Z F J Y R A
X K G C I E I Q K F V P E F C H M W F N H K S Z K
I R V G M Q S H G W R Y D F G U I Y X Z U N E M R
A Y P R N X E O Q O E E W I I N A W M E S S I A H
H B E L L K L P M P S S F N G V W I E A N K P F K
H H C K T D Z E T T P R N B T H E N B W O Z K O U
Q M E I S K T Q I D A E A P A L V G J N S J R T X
R P P T Y H T N W T L W B L W Z F U L M T S W I C
E O R C E G Y N S L S Y P H S P N C D X R C M T T
B X D U T X F D I A X Y Q C Z O X U D I O X I A L
F T S W G B P M K N H W X Z X Y G V P Y M L E N X
K F S V W H P Q B M V L W E M F I D M E O J G Q P
J W K I C R H L W S O X X T Y X W H W X W Z G U Y
```

Search 34 - Astronomy Terms

```
S G U C P U X A U L T W A I T R E N I P C F P V F
Q L S C N O O M L L U F C Z Y C Q T W N R V J K K
S G E X D W T G X E K Z Z Q R H Q Y P Q E B M D W
V M B J A Q P D E Q I E E B R C C O S I V O Z A Y
X Y F E A J U E J W O E N Y Y A N B O C O U B Y S
W W G R R L U E M C A C G X K L O A W E L R F Y D
Q X L Y M R L K X L N C Y V P B O B B G V T K Y C
D D J X F A F A M Q G E P O Q E M F U I E G M E W
J S O C S A L Z H U W N L L R D N L C A B T L A A
E F L T A L A H Y W S T H F A O Z Z A N G E F A V
R T N D A E C T P Z Z R G F D P M K Y T S B G G R
R O N R B S D I G J H I K Q I L H Q R T J N D A M
A D A A R K P U R L M C S I A R N E I Z H U S W Z
I P D T I Z R J T H D I E O T D R A N M Q A M O E
I Q H J G D I I T I E T L O I T L F K M U X Y W O
O B L M R Z A S D K N Y C N O S Q M C Q A A Z Z R
K V T C U T R R M Z F G F U N M K Y A L D R Q G K
E B N B X Y T U E D X A A A W F S D F S B V N O F
S U K E P L E R S L A W S M T Q F O E G S Y I R S
D W H U G E I E D E L I P Y B P B L M F P Y W F R
T Q U H E J C S I L E T M R M K W X X U Q F U H N
G I D D Y G P U P A N F K D W M E L T O Y Z P A I
G K D Z F L L P I O S J T N U V H U D X P K A F R
O J E Y W G F L Y B Y X Q G A L A X Y J K X Q E E
X N O Z F M P T F I H S D E R R E T T A M K R A D
```

Search 35 - Astronomy Terms

```
X S B G W Q K X H W L Q H I A U S V Q J M Z C E R
N E B W R D J D Z U S C R I Q N I J U E A J I B C
Z A O K U J Q T A F M J E C K J N R S R X T O L Y
H S G M R Z Q D F D I D Z C E I T R O J Z Z N C S
M Q N O R T H S T A R S S I X L E O X A V R O H J
R C G L J G J Z I A L P Z U M N R C C H T F S R L
R U R O P D I O M L K V S J F N T K Q K D Z P M Q
V E A A P E R T U R E H L P C A I E M A L X H U T
X P V G A M M A R A Y U P H A H A T Z X X B E E J
B Z I G L Y W S P G I O N C V C Q M R O O E R Q O
A H T X Q R A D K U A H J Q O N E U Z L N L E F E
U M Y P M D A N D Q A Q Y G H Y I W O O B Z O V P
U X U N S F C A I B D I T Z Q G W M W M F Y R V C
W T M L A E R E D I S R D X J G O L C G G C V N R
K T K R Y X I B K C L W Q O S T S N H F V A P C N
T D T N T P F U Q W K F F D E A M J N I B Q Q H O
J C P V X D D R L O M C X R Y Y S O J U P C B H I
A W W F G H E O N K G O R P Z T O A G W H C H S T
V I T O D T J T S G N A Y U U M N P N A R M G F A
P P W P S A R V Z I Z H K T W R E A Q X M N B M N
T O D U W Q L Q U A Z Q B E Z E R S R S I O K U I
H T L Q G V U Q N X S C N L I T A T A R K P M Q L
X C H P Y D E K F R N R U B B A L R N I Z P N Z C
I Y L O J O T U O Z M E S P F R F O U V F Y C O E
O V S Z Y S F Z G G I K P D Z C H N L V M V C T D
```

Search 36 - Astronomy Terms

```
G K U H Z H I P F X Q U V G N I N A W C L G D G X
H O G R J R Y C L Q B X W W Y E N L A Q X K X S O
P U M R Y U F T J A Z L R G O G Z P N A C X A G H
F X Z Y W S Q E F B N M N N N V Z K E R J G N H T
S S G E S A J U J M Y E X K W Y Q N L R R F V T T
J L P E P P G H N I Y Z T S T E S M L R E O U N K
Z W I O K B T N H I J J B O D U A W A L T P A R W
B L E F M D J Y K S V U B Z I M R H N Z N E E D G
F X N C H G V G S F A E Y K F D F E A H A R H Q J
R Z B D T N T H J F W P R Z Z R O O V W I I O N K
A F H M E P L L V H N K A S L A M M T Q G H Z H G
F R S F L Q J U K K T L R X E F F B G O E E U L C
R Y T X E A H M Y L C C B U H T G Y J J T L T S V
A P P O M O Y H F I C A M V A C U U M X I I H H E
W H U F E B N U T Q E I U N F I Q G I R H O C N V
D W M N T N O I S S E C E R P G S I D A W N U E F
W G G X R F W S T U O F U Y M S N Y E Y V T A G W
O R U T Y L X P V Z N D C T Q H U I Y L P Z Z A J
L Q S P Z V E G M D C K S I W I H Z X E D I O A O
L H R M Q O C K U N Q R L S N W W G N A L K X V L
E M L W F I D S R Z Z N P N V C U I E J W C Z X U
Y O R M V N M I Z C C P N A Y P N G H Y N O Z A B
H B P L B B B T A X H N Q R W Y W K P D M I X J I
H L Y Z E N I T H C G R M T N W O R M H O L E T B
R V D Z B U L T P E R I G E E M N O V A K H Q O N
```

72

Search 37 - Astronomy Terms

```
I S Y E V E N T H O R I Z O N H F H A K Q Z B V P
I Z X L I O J J A X J U X S U H Q K U T Q G I U T
C I D S P A G D O O W K R I K H Y E A Y L Q D W C
S N Y T D X Q G L O P U E V F E C D W R Q Y N X N
D I A M R N E I G Y R K Q Z B L L N R C V O S Z O
S M V M L J B C D P V W J G I I D H V O I V E R V
M R I A R P U U S H E Y W P U U W Z F T G U P H R
E X F Z K U B W H U H X S C S M J S A X W E P Y J
N N R I J T U D J C O E A T L V Y U R L B M N P L
E S E M F Z N H D W M N Y P A T Q V C G I O R E J
V E E U Y Z N S G Y E I O K A E H B T H N A W R M
H B F T F X C D U T Q O J R E O A Q Y V A N S B G
K M A H Z P F A V U N J R K H Y F M J O R F A O Q
L C L Q R V C E W Q O X A H D C C N D I Y R N L J
H A L I W P O B F A R R J G W O N F F M S A O I B
Y C T F H T S S V U D G U S J R D Y Y A T E R C Q
R G F M N J M Y I N O O M F L A H G S L A K O O Q
V N P J P W O E V J E M C H L U I X R O R A C T H
K A H O R I S L V V O A K X O B C R K K E P D R V
V B B O O L N I T T N X M O B S T N Q F C G J P R
T G L R T R S A S J X L C O M A E R V O S B Q H F
G I Y L O X V B N P N R U T L I T L A I X A Q L I
H B Q K A N W G V P M S T S K I L O P A R S E C P
H V C Z Z V J U N M K C N J C R S E K M E E R X Z
F L T M I N Q V Z V U S L A L F G E F B J I C E X
```

Search 38 - Astronomy Terms

```
L G V E N R I D S N M H G H Z G M U I L E H M L N
F C A Z Z O R M X O S F E I G I G R N N C A A X T
Y I W W C C U C Y R L Q F Z C G V D T R W X C X K
X D H R S H S Y T Q S P P L W Y J U E Z L O V U U
W O I H J E C H I F I J A J R B M S R C T F R Z A
M N T M H L O G L H G P B R N C S T S V X L A T S
O Y E H P I S J A Z G B X T S M U N T Z V M L O J
K S D R T M D E T L V L F D V E E Q E P V M H P U
L Z W W R I H D O Y K F D L C X C V L R V J E O C
P U A C A T Z I T X C X J A Q Q R Y L E A B D X Q
A Y R K R M N E X E G V M G V R B F A D T K O R I
F A F Y S T Y X T F O E X R B M U L R B P E J X Z
Y M Q H P F A O Z H G V P A I C R I Z E H U G E B
S K N T C P A P E A J Q H N R S X G V D F D I M C
I M B X H N Z L Q M A D C G F D U H M H I T A D N
L P I H E D D A G X G L V E T H M T R B H O O G T
G T S D S X A N N Y Q M S P I R K Y L A W P T M Z
Y V C A H Y P E R N O V A O S J W E R I Y S K D W
T S K U Y K L T N C R I P I E D A A W J Q N B I A
B O C C U L T A T I O N N N T W Y R G W M U Q C H
N H J Q N V V N T Q M U T T N I K L B V D S I O Y
B V K Q L A C P G O L G C S A N Q G L X J C A J Y
M A V G X D W N Z A T G O R K Y I C L U S T E R Z
P Q J Z M L R U Y V E F H Y G Y Z Y S Y K S Y U A
U T S A S U O Z I G S P H K U Y E C X K D W V D Q
```

73

Search 39 - Female Astronauts

```
B M Q D Z D G E G T L Q F H S I A L R L T Y H C C
Y W A K Q V Y N K F D U R O S Q U L X H E S M K A
V T F M S X S M O Y I F Y L K D Q M P D I C U L O
P S R U A M I H B M V P R O J W L I K H B T Z C H
T P H H G A P H O H J Q D E O O I N D N E K B L C
Q Y V C H U D P K U N C M U G Y S M U R K W H N O
B D V U E L P S C R T I C Y K K W M E Y F U P O A
H Z R D J Y Y I G A S K H G X W V S N T Q A Y S N
E K C D E B N P W O Z V A J W S H R H U N F C T U
U X F O A N Q J N V J X W Q M K F U O G P O M I W
W O O X R G N W X P K N L T O R N C J E G F W H A
Z B U R M E E H W J E D A V O R O O N R V Z W W B
O G O I M E S V X Q Y T A N P L R E S N I K B G I
K D P T Q Q J S W B H P X A L U H R S C H P T L W
N Q R Y O I H G R V E H D I A Y A K S T I V A S F
B T Z L F F W A S Z U W N M T Q I I L R I D E E M
M M B U H I O Y C U E S P A H H W M E S N I V I T
U R H P L Q V A N I O Q V M C D O H M F C N R X C
R G N U M T A Z F A U Z G U D R P W I Y T J Q C M
E I K M J N W W H U E K O I G P I M J Y W V Q Z Y
G P Z L V Q L A P T L A W A Q G L C O L E M A N D
O Y B B O W N I M H O I N A K W J J Y G I O Y W E
H E C Z H N J F P S M G I P N A V I L L U S Q H U
M I E F F I L U A C M Z J X L M Y P U O S R U X E
I E F V L R G S L Q F Y O N A C H K J C H R C K B
```

Search 40 - Female Astronauts

```
E Z N A I W Y X Q C O J F M G O B W A S A F Q K D
K D C O G M Y D H D L P H N W L B G M A U X P T Z
A C W X L D T D Z L B G Z G L T Z C L A R K K D C
W S Z U S R J I J V W O C A R E I N O A K K J D B
O Y C H H E L M S K N U U M K J T A D I Z K Q G D
N V J B P I A O Q A C P A I Q W E R L X L Y R E C
W R R S L T T A Q R T O O U K I H X U C Q G K E T
U G L X G E D S M P G K T B W L K R I S I A R T F
A Z U G Q Y I K A Z A M A Y T L J Z T J U V L F W
P U I M N J O Y M L S Y H B P I V K I A F P V V P
K T P Y P V E J C A K V P J K A J A H A T Z D K R
X U Q C U T U S N O G H W T K M K K X T K B S B K
X N K L T S P M D N V T E F B S G H N D N U A K W
U A O E D M G Z N H U E S R O J B O N D A R M W K
G Z L A U X N U B W I Z I S E J N A M R A H S N Z
T T D U C M Y Y L P N D J X O N J V̌ Q S F O F O Z
M I N R Z F B X J A D I G N Q Y G M U F R O N S Z
I C L U Q B E P A E E B G P R I E I F P A E K L G
A O C P E X R E L L I A E H L K R O A J Y Y K I Q
R G O L S V G U E L H L I E A O K U N H F Z N W I
U W M J A E H J H C H I J N A J W U Q R B N S Q X
E P Q P U I C Y M D I C S H O K A C U U F F V L K
C I I B P X N S C U D A S W C S Z W B K P L U N X
Q K Y A V T P G F P R F L G U H J L B M A H V T S
K S F I B T D D Z I A R J H U K O Z R Y L Q M K D
```

Search 41 - Congressional Space Medal of Honor Winners

```
S S O O G I V U H V E G O M Q T A N N X
W A R Z L P E H S N G L L L G S B F T B
T Z O T N P P F K U T E O Y U B J N O G
V T N L G C F G V D P N W V R K C X Z H
N Y J I D G G N P N R N P I E N P V Y F
W C U X K B N U B A W D G E K O N G A I
S X Z O G Q E O O B H Y B Z T K Z W E Q
F T R T S O U Y R S Q V C A Y X I L T T
H R A Y R G B F M U A P L R Z Y K X J O
G P D F T R N H A H D S N M K L H R G X
Z Y L W F Q B P N C K P E S T I X M R E
J C O R Z O D U V Q S V W T V N B V I E
E O E U Q P R S A F L D D R X D E J S F
T G T Z X F V D E Q O O R O P H N J S F
I A N B B T L X S D V Y A N U N O G O A
H M C C O O L D N I E U H G J X O I M H
W P G Z A F Y W J C L W P T J U S N X C
D C R D X L N F K U L I E L D D G E L W
I O P C C C N P M L G P H G Q F L S A T
E G L D N L C O N R A D S H E P H E R D
```

Search 42 - Congressional Space Medal of Honor Winners

```
C C L A R K J E J P E P W I U Z O S X J
U X O J D A W Y S Z R N E A G U V R M N
F E D Z F E C C W B L U K P D H Q W G Q
Z T E Q T K L U O W H P F E Q C K X G I
V U M P E I Q B Z S W K A R Y S R K N X
G C X U S N Z E S D Q U N P X V C Z L R
T E S D V S J O X C C C D N M J H F X I
K Z O A I E Y M Y O J B E Y J R A R P A
S T P A F R W M T N B B R N U I W Z I N
M S Y V K R K E Q I O H S P C P L N L C
I J G T N A B G R Z E T O X D F A J M M
T T M J N H Z Q V U F E N U I A I H V N
H E M X B G P X N K F M C P Y B M U N M
X J O X X W O S E A I H Y V K E I A T K
R B R O W N E E P H L S A O E E O B O A
N H G T E M R I P H U B G X O B G E C N
S M Z R Y T J E I Z A W M T E O Z A Z O
U F B Z E T L N R P C Z Z K J C O S C M
O J J A R V I S C L M W C C L S H U R A
K P U Q L R R J R X R H A W I J E D Y R
```

Search 43 - Asteroids

```
R W I U F S L J J T P A H M B V M U S R
X M Q L H O J Q J K D T A J G B X V S X
S A R D F R O E J P O A C C K H U E C H
I F U A U X I A B A R H E R C U L I N A
I I B A B I X G F G I U X E K V E S T A
N A B X V A T D R O S S K I I Q E K D G
T F C Q U T M A T H I S B E U H U S A A
E F M W T W U B N T D S Y L V I A Y I N
R U M L W W F S E N W N E U R O P A T P
A F P D L O E U F R I P F T N A I Y N P
M Y B H C Z P Y Z Y G V E J S S B B E A
N J P E R R L A A X X A L U D F I F I A
I N U R P O R R L I A I E R Y T E J T B
A I T N R V S F Q L S E B S F I S U A H
D V Z C O H V Y L X A G Y U Z R U K P L
P G C G T Y Z X N B M S C L D A V I D A
I O M J K G H F T E U X N A N J S E K D
W P P K E I J Y W E M G Z P E A P Q C Y
R D M E H E U N O M I A A S E R L B R J
W J J R N A J Z D S P E Q Q Q C J M Z H
```

Search 44 - Asteroids

```
E B O K Y J F O B K M B I F S J J A T M
I E X C Y L Y P C T Y M T U I P B M T Q
U L T L I I E B Z G S D G A S V V P J Q
N L M E T I S I K T B F T J S K I H A H
S K M E T Q O E R U T W V A I V Q R L E
K A P O G Z E U G E N I A D S B S I E B
G W A L P E O N D I O W G U E N P T T E
Y I A P T L R P Q I Z F B A H B O R H Q
W Z B F N W S I T O O J N L C J A I E P
E A Y H P D I F A U H T D A A T G T I X
J V E C D W M B P W N Z I A L K A E A H
V E X C S S E G S K X Z H M P G Y Q L K
Q K O A D Z H X Y S H J M A A H P Y K A
O Z X F C H T E C I D K Y M N G N W T L
W L A Y P I R B H S E A V L U L X E X L
I I H B V G B S E E C Z K A T U Z G Q I
R H E R M I O N E M R O L P R Q P C R M
I Y Y Q A N I H R E Y G T O O O W C Y A
S Z L X I B L X B N G O L W F C K K G C
O D I S V P A U R O R A B Y P F S F S I
```

Search 45 - Moon Valleys

```
K D X L G G Z E J F V X F C T S G X S P
D H Y I R R Z B Q N W T J M R K Q C N K
T J C A P E L L A P A L I T Z S C H E I
I T T M I B Y G G H I L T Q Z M C D L M
J Y E S Z W O X K G R W I Y S L N A L R
K L D B O Z D S B E B G F Y C J S U I E
U A A R O D V H J H W V T F H A R M U G
I J A H T L C F P I B C J R R L E N S N
K Y B O H H N W G Y M H K U O X O A C I
P B N B U I R U M K N Z W E T T Q T U D
G K R F S N J A L P E S X D E O M N N O
I D X D Q G L J C I O O L F R I N M X R
K Y T I R H Q R R H E I T A I G Q D N H
Y D S A D I Y V W A A O P T Y C L H R C
V L I W N R Y X H Q Q E Z S K B K S L S
E E F L W A X S B O U V A R D U P Y T J
P O U R Z M O L C Y I S L O O V V G J F
J Q M W O I M J H E X G R P L A N C K Q
C I X P P D O O N J V B V O H N H Y T A
F H E O K V D B J Q L L J P Y N Z S W O
```

Search 46 - Moon Maria (Dark Regions) Latin

```
T R A N Q U I L L I T A T I S N U H E U
H E M X R K E O K J R Y B U A N R X J H
G L V A P O R U M A I R Y D U S T A S D
T A S L Z O T F P E N M C M S P D Z E U
D T S I I N G E N I I M E G T U H P R C
N N I I R B V T X A T Y G A R M B S E F
U E R H C R J D C L B T Y J A A Q W N E
B I O T U O L G I E Q L C Y L N Y G I C
I R G Y P N G B O Q G U Y T E S H H T U
U O I M R Q D N L Z Q U L X H P M S A N
M W R S O C Z A I I M B R I U M U I T D
U P F T C R N F R T T Y N C Y S R N I I
T M X C E I E M M U U O I V I O A I S T
N U E F L S C Q A P M M U O H K L G K A
R R F N L I T T E S L U R B U B U R L T
A O D D A U A N Y G J X N R Y D S A D I
Y M R W R M R Y S A N G U I S M N M K S
T U K S U L I Y B O D R T U K L I D P D
N H K L M N S S J Z T J Y I R M P J R U
G Q O B K I V W T N K X G W W F K M V X
```

77

Search 47 - Moon Maria (Dark Regions) English

```
G L F D N V A Q G U F Z D J D Z H S E P
T W B X Q T W C T V U S D P Z C W T B R
U C F N T A A T Q Z G O I K K M W O F V
O A C R I S I S H C W A V E S S Q R V B
H N X O F O S E R E N I T Y N Y G M A M
F O A M I N G W M S R E W O H S X S P C
J T C W Y T I D N U C E F V T D V C O S
B Q B V D P N H T N E P R E S W J E R I
Z A J T R A N Q U I L I T Y R Z R H S V
N X N Z L V E A S T E R S W B U C I S Y
P B N N H J F M O Z N K W Y T O L S D S
X D M D Q B R A T C E N H S G Z E L U P
F G O F B Z F E O B T J I X S J V A O W
V M N I O I M R P Z E O Z N I F E N L F
U S O U T H E R N G M D J P H M R D C T
O N N K W Q X O D S L C L H J V N S N N
Q H T Y M S T E K O Z Y J B M H E A M B
P L B P K I L X C W X I D T D A S N H P
M A K L C I U U L X Q K P R O F S W R K
B N F I Y O T V G P W M L H F F N R V Z
```

Search 48 - Places on Mars

```
A A X P V H J Q U N Q D Y N T H U S A M
B G L W Z D C Y P D G T S W N W A U R I
V D E S N I E V N Y A G K Z F D S B A V
H Q H E L L A S P L A N I T I A M T I J
M E Z B I T Z O A E O L I S A U E D R K
U C R O S F F S I R W G S A E K M R Y J
I K O P U S I S R A H T I U T O M A H S
R G H H C A T Q E H A C R S H S O D P P
E D O I A X Y I M V I I E O I H N J E I
M P X R L Q W B R S B M O N O I I D Z G
M G V U S C Q L I P A T M I P W A X H K
I A E R I A P S E L R T S A I T Q M F G
C J Z C L C J Y P E A J U U S A R O Q Z
N Y S Y O Q X C E Z Z O C I B C T A L Z
N G O Q S V K M A K M W A K M I A O K S
C S Y R T I S M A J O R L Y S C C D J R
L T T Z O K A Q J X Y U D Y V G T N L I
K S L Q N G K V E D Y X E E Q X E H T C
E C Y R X J D B V A N C Q X O I P S W A
V D N Y F W K C W M X V J Q N O Q A B E
```

Search 49 - Satellites

```
A B F R I M L H Z O N E V Z X K E C D S
A D H Q A C B E O B K O Z X A U Q A G U
X R E O P N A N M Y R Y Y K W O B S I G
Z G Y O A U P V H Q F U G L H O N A B Z
E C S A S L O I C M Z Q B O L G S A T O
H X T U B E I S J A I N K Q X I D C O J
B X P L Z H R A T A R J V I C Y E M S O
Q Y O D U A A T G B S T Y F N U U O N C
V X N W G G K T Z F T O O J Q T F D N A
Y B D B M V N U A R W E Z S X X U T D L
R N G K L O O L B E F I I Z A F F P Q I
J O B C E T X A C S P Y C H S T T E S P
Q D O E O Z L A Q O Y H V D R L B J K S
C I O R V Y Y A E U E C O U V Q T Z X O
O E O Z K E C Q Q R H W P G O B B X P F
T S Z S U X N N Z C S M Y H U J J Z V W
L O L E K L K E F E J Z X S K N E K H M
G P X Z L M I F S S E Z Z W F S J J S E
Y A N W T T C D N A A N A P L A K O A N
C M C N C N M Q J T T P I B S P O N Q O
```

Search 50 - Satellites

```
C O B M C W E L P E D B J U C F Q G C W
I V O X N L I A K A R I Q F F I P K G H
F S A S B Z O N L S N E X P L O R E R O
F B L E B F W U G C G E F M H J F T Z M
D O T A U A U Q D Q H U H F H W A I V X
V Q H S S R S C I S Y U F B F K Q E S Z
M Z I A W N A X S G A M R A D M J U V X
C Y R T U Q N C S T G T A W P V Z R P N
S E S S J U U O K Z R N G C W K F Q T V
F U B H F C E A Z O Q Q Q I S L D D A K
J K K B I L X R W X I Y H T N H B C S F
W T Y T F U A R D W I B V Q A I R R E B
L S O A N H F W U M K M A P I X S X C E
Y G H S C D H R P C D Z X O L A W G I L
A A K N I K Y T G Z F O K L L Z P M Y L
R Q O I D I K O N O S O F A O H S U M I
R F H J G S V Q L F W N S R H K B F H Z
E J S C E B H G S U O M I H C Z K Y P R
T J I Y V S J V V Y E V X M O R E L O S
Q X Q W W R B S K N I K J E N Y Q K P H
```

79

Search 51 - Astronauts

```
P C I I V P A V Y B J H X G Y O F C H I G T H Y B
O E Q N T J L D T S Q D L U D R A H P E H S M D S
B O W A M O C F N V A E V U R Y U U R D N S W P C
K X W C G Q B O Y C N K E B E F D A R O U S T V H
S R S E V K P F Z N W H I T S O N B R U J J T O M
C T H R W B Z A V E V M W P M G F N A M R O B E I
F R R K D O J J T N F X S T H R T M R I D E Y T T
O T L M T L X A A E K T N M C I E V A R G S U M T
M W B O R N H A X U X V R A V S X K T L I T S K X
K U B P T Z J V Q H H M K F M S F D A R N O C N W
H L J I S P E A Q E S L Y E A O R B R E S N I K C
I C H R Y M D T N X N Y N V G M I M H D M X F H O
F B O Q T U B A U B I L K X E H A Q Z S M H A D T
K O K I H Q X R Q L L L F E I A N L Z E L W N N H
H D Y N W B Z M Y U L E J U R L C N F R L Y M R F
A Y C D L E Q S I L O M H H O D M Y C A Q B N P O
T S L F P G V T A T C W Z G N R C M D X B T Y U G
K Y O E E T O R C V F L L D P I F G Y C Y N C T E
I E A Y O T L O V S O K R W V N V F I M B E H A R
S Y A Z N P A N F V Q J E M I S O N H V D A E X G
Q C R V S A F G E Z C N R N D K N K M I K U S T T
O R O E I X Y L D X Y D R O F U L B D Z T Z D G X
S T B Y S F L A C C U S D K V T Y D W L F W P H V
P D U L D A X P S S C P O G U E L G Y O Z P X E D
L G N X P W S T U K E Z V H A Y M I D M J D M A Z
```

Search 52 - Spacecraft

```
W F O C D E X E J Z E A C L E Y J P B C Z G T C H
M Y B S Y G Z W O D E L T T U H S E C A P S F R V
R E D S P E Z X N G M C U B X S G R X S N M X O J
J I Z I P X G G Y V I O K E S J O Y K P G J J V K
M F A M E M T Q M S Y E O Q B K B Z R L S U X C B
D M Y U U D R S U O M R U R J K H Z H R B F P I V
G M E X B N S Z L G G M L G X E N Z Q Z Z G T A Z
C K N W K I J K U B B A I W W M T C M I Z I Q G T
Q E J L S G X J T Y B D G J P Y J H P W O C Q G D
W M B T Z I R I Q S O R Z P H Y L X Z Z Z M J P U
D R I R F Z L K X Y B S Q I V Y I Y I Q H C T D Z
Q W C B X A N Y G I G Z U O H Z N E H S G N Z R A
O J E W G E M I N I R D I V T L F E G M P M G C W
L J D D I B T X A K H W E O Y R H B P J O H E E E
T D B Q Y D M I M O U U O D B T Z J L C M G C T Y
C D V W J X C R A R L X Q S X H P S S V Z F I C G
P A C W Y S A M X N O N O R G O B W O A X Y J T Y
N P Z V B L E T C L G U A P S E Y S M X R B U Z B
G Q G L A F T Z L A T O T Y H U T L G U Y Y B A A
E A B D P Y A O P F Q S N E H O A A C G L A P V L
R F H B M Z P I F V D C T G K F G R N A K Y Z V Y
M S E V I A X O N C B U Z V E T E T S C F T L Q K
G I P H Y W J Z X C T L O K R M T U Q D R C R Q S
H X N H K T Z F N I F G F S B H Y G U N I R J J C
R F Y T Q C K I K W S T J V O S K H O D M H Y D E
```

Made in the USA
Columbia, SC
25 July 2023